マンガで学ぶ

データ解析

高橋　麻奈 著
Takahashi Mana
銭形たいむ 画
Zenigata Taimu

みみずく舎

まえがき

データを活用し，役に立つ情報を導き出したい。けれども，多くのデータを前に途方に暮れてしまう方も多いのではないでしょうか。

データ解析にはさまざまな手法があります。回帰分析・主成分分析・因子分析……。数多くの便利なデータ解析手法が開発されています。いくつかの手法の名前を耳にしたことがある方もいらっしゃるかもしれません。

「どのようにデータ解析をしていったらいいだろうか？」「どんな場面で，どのようなデータ解析を用いたらいいのだろう？」本書をお手にとられた皆様は，疑問に感じていらっしゃることでしょう。データ解析の結果を読み解き，分析する作業に悩んでいらっしゃる場合もあるかもしれません。データ解析はどのように行い，どのように役立てていけばよいのでしょうか。

この本では，データ解析の手法を，マンガを通して学んでいくことにしましょう。各種のデータ解析の考え方や利用方法を学ぶことは大切です。データ解析の用語や手順を一つ一つ学んでいきます。

データ解析を行うためには，コンピュータを利用していくことも重要です。分析を行うために，表計算ソフトの利用方法や，統計パッケージの分析結果も紹介しています。また，データ解析を行うにあたって，解析の基礎となる数学的概念の解説も紹介しました。データ解析で利用される高度な用語も，意味を押さえながら利用できるようになるとよいでしょう。

本書は銭形たいむ様の手で，素晴らしいマンガとなりました。愉快で，楽しく読める書籍となっています。秋津家の登場人物たちとともに，データ解析を学んでみてください。

なお，マンガ化の作業にあたりましては，みみずく舎の皆様にお世話をいただきました。関係者の皆様に感謝いたします。

データ解析を学ぼうとする皆様にとって，本書がお役に立つことを願っております。

2014年6月

高橋麻奈

■目　　次

まえがき……高橋麻奈…i

Chap. 0　**データ解析の世界へようこそ**……**1**
「データ解析は 医療技術の向上に とりわけ欠くべからざる知識なのだそうですぞ」

Chap. 1　**データ解析の基礎**……**13**
「観察・調査したデータから 新しく使える情報を引き出すために データ解析を行うのでございます」
まとめ／Q & A……32

Chap. 2　**回帰分析**……**37**
「回帰において分析するべきことは 説明変数と目的変数の関係が いかなるものであるかについてでございます」
まとめ／Q & A……56

Chap. 3　**主成分分析**……**63**
「主成分分析では データから新しい指標を作り出します」
まとめ／Q & A……86

Chap. 4　**因子分析**……**97**
「因子分析とは データの裏に隠されている因子 つまり データに影響を与える要因を考えるものでございます」
まとめ／Q & A……124

Chap. 5　**判別分析・ロジスティック回帰分析**……**129**
「いずれも 病気の診断や治療の効果を予測するために役立つ データ解析でございます」
まとめ／Q & A……152

Chap. 6　**クラスタ分析**……**157**
「クラスタ分析は グループ数や分類基準を明確にせずとも データを分類することができるのです」
まとめ／Q & A……182

あとがき……銭形たいむ…185

Chap. 0

データ解析の世界へようこそ

データを活用し，役に立つ情報を導き出したい。けれども，多くの種類のデータを前に，途方に暮れてしまう方も多いのではないでしょうか。
戦乱の世も去って平和な日々が続く秋津家も，どうやら問題を抱えているようです。この章では，データ解析の必要性をみていきましょう。

吉秀（よしひで）様ーっ
若──っ
ぷっ
面白草子
回帰分析
因子分析
スラッ
若！ まだ
こんなところに！
あはは
あっ また面白草子（マンガ）など
お読みになって！

虎丸か
お前も読んでみろって
面白いぞ!! ほらっ
びらっ
私は結構です
そんなことより
ご家老の林様がお待ちですよ！
また勉学のことか？
ポィ
爺もしつこいな──…
戦乱の世も去って50年
この太平の御代に若の背負う責務は重うございます
ご家老様の若に対するご教育にも熱が入ろうというものです！
責任重いのって苦手なんだよねー…
回帰分析
なんて書いてあんの？
こんな書物準備されても
吉秀様っ！
ひょこっ

あ
照姫様
なんだ
照姫まで説教
しに来たの？
違います！
廊下に似姿が
落ちておりましたので
お持ちしました
そういえば　若の
お嫁探しは
いかがなされました？
ああ…
そっちの話ね
それも
盛り上がらない
話なんだよね～
爺の奴
嫁候補の似姿なんて
押し付けてくるけどさぁ…
新しいタイプの美人
古いタイプの美人

ぷっ
ほんとですねー
あはは
あさ
ぜろーっ
コレ
ぴら
この嫁候補なんか特におかしくね？
その絵は…
吉秀様
私の似姿でございますッッ
ばちーんっ
べしーっ
ひ姫…
ぷんすか

若…これは
まずうございます
照姫様は若のいとこ
若の第一のお嫁様
候補なのですよ…
嫁って…
あんな姫のご機嫌
一生とれって
言われてもなあ
無論　この虎丸は
一生かけて若には
お仕えするつもりで
ございますが!!
ずいっ
若ッ
まだ油を売って
おられますか！
はて
そのお怪我は？
あー…これは
虎丸と武道の稽古を…
ははは

ふうむ…
若がご自分から
武道のお稽古とは
お珍しい
しかしまあ　爺が
若の年頃には
武勇にたけた
今は亡き宗秀公に従い
戦場を駆けめぐった
ものですしな
また
宗秀じーちゃん
の話か…
また林様の
昔話ですよ
しかしながら！
るっ
今やこの太平の御代と
なりましたからには
若には武芸のみならず
身に付けていただか
なければならない
新しい教養が
山!!
今後　領民の誰もが一生
つつがなく健やかに
暮らすための知識は
不可欠
民が健康に暮らして
いくための教養……
医学を　若にはぜひとも
深めていただかなければ
なりません!!
と
ござるのです

わが国の医療技術をもっと向上させようということでございますね！
うむ
なんでもこの爺が今お勧めしている「データ解析」というものは
医療技術の向上にとりわけ欠くべからざる知識なのだそうですぞ
回帰分析
デ…データ解析？
データ解析は医療に必要な知識を読み解くための教養なのだそうでございます
回帰分析
主成分分析
因子分析
判別分析
ロジスティック回帰分析
クラスタ分析
各種データ解析手法

いやいや　実は先般
宗秀様の菩提寺である
賢兼寺に参った際
長崎から来たという
蘭学者から聞いた話
なのでございます
だが　爺が
馬と槍以外に
詳しいとは驚いた
めまいがするほど
種類の多い
教養じゃな〜…
ヴ…
分析…か
やはり　ご家老様に
蘭学はちと難しう
ございますものね
はは
年寄りを馬鹿にするでないっっ
なんだ
蘭学者の受け売りか
はは
して　この蘭学者ですが
賢兼寺にしばらく滞在
なさるのこと
そこで
この爺！
若のため　早速
講義の約束を取りつけて
参りましたぞ!!
えへん!

うぎゃーっ
何!? また
講義を増やしたのか!!
今度は医療だ？
蘭学だぁ!?
もう勉学は
ウンザリだっつーの!!
なりません!!
若には太平の世に
ふさわしく
宗秀様を越える
殿に
なっていただかねば!!
はあ…面白草子（マンガ）の
続きが読みてえ
面白草子一
実はこの爺
その蘭学者
佐々木静山（せいざん）殿の
似姿をもらい受けて
参りましたぞ
どうせ若の気性では
そんなことであろうと
…
大丈夫ですか～?
さすさす
ふふ…

!!
えっ…
それがなんと！
こちらの似姿なので
ございます！
じゃん
またまたー
いい男で
ございましょう？
爺の若い頃に
そっくりで
ございます
何だ
これは!?
爺も驚いて
ございます
かような似姿を
描く技術をお持ちなら
必ずや素晴らしい
医療技術も伝授
いただけるでしょう!!
これは…っ
世にはこんな
素晴らしい面白草子（マンガ）…
いや似姿があるのか…
本物のよう
ではないか!!

これは面白草子（マンガ）の
続きより気になるっ
若!?
そんな理由で
勉強しに行くん
ですかっ
この面白草子（マンガ）の
主人公のごとき者に
会おうではないか！
よしっ
行くぞ!!
若——っ
思うツボ♪
わしはミーハー
なのじゃ——っ

Chap. 1

データ解析の基礎

データ解析を行う際には，データの性質や扱い方を知ることが必要です。また，調査データを代表する指標や，データの散らばり方をあらわす統計指標を知ることも重要でしょう。
こうした統計指標を調べることは，最も簡単なデータ解析の手法となっています。この章では，データ解析に必要な基礎知識を学んでいくことにしましょう。

賢兼寺
若　あの方が
佐々木静山様では？
うむ
そうですか
――はい
似姿よりもさらに
目を引く男だのー
若ッ！
――
――
そうだ　我々は
勉学に来たの
だったな
そうですよ
真面目にやらないと
私がご家老様に叱られます
それにしても
変わったお方の
ようですね
先ほどから１人で
しゃべっておられる
ええ　調査に
ご協力　ありがとう
ございました
それでは
また――

ご家老の林様から
お話は伺っております
さ、どうぞ
若様はデータ解析について学びたいとご希望になっているのでしたね
若ッ
いや　ご希望なのは爺だけなのだが…
おや
これは若様
データ解析とやらが太平の世に必要なものだと聞いてな…
ま　わしはこの似姿が気になったので参ったのだが
ああ　それは「写真」でございます
写真??
真実(まこと)をうつす機械で撮影したのでございます
まことと?
海の向こうには度胆をぬく似姿があるのだな——
オドロキですね

これは「電話」でございます
遠くにいる者と話ができる機械です
？
ただ今　秋津(あきつ)城下においてデータを集め
調査と分析にあたっておるのでございます
それも不思議な飛び道具じゃの？
…てか
そもそも「データ」とは何なのじゃ？
面白草子なら集めておるが…
面白草子
面白草子二
はて「データ」とは集めるものなのでございますか？
不思議な道具を使って？
そうですね
それでは　まずはデータについてお話しいたしましょうか

たとえば――――
この秋津城下には
大勢の領民の方々が
お住まいでございますが
こうした民
1人ひとりについて
年齢・脈拍・体温・
身長・体重…といった
情報を調べることが
できます
身長
体重
年齢
脈拍
体温
このような情報が
「データ」です
データとは
「情報」なのだな
ふむ
今回は電話でデータを
集めておりますが
日々の地道な
調査によって
集めるのですよ

調査して収集するデータには
このような種類がございます

データの種類

種類	データの例
量的データ	年齢・脈拍・体温・身長・体重・アユの摂取量…
質的データ（カテゴリデータ）	性別・薬品の服用の有無・病気の罹患の有無…

身長や体重…

ええ　数値を測定して
調べるデータ…

データは「量的データ」と

しかし「カテゴリ」とは
聞き慣れぬ言葉じゃ

「分類」をあらわす

たとえば性別データが
代表的なものですね

このほか
「薬を服用したか」・
「していないか」
「病気に罹患しているか」・
「していないか」などの分類も
重要なカテゴリデータに
なります
あの　しかし
佐々木様？
やけに具体的ですが…
先ほどのデータ例の中で
「アユの摂取量」とは
一体何なのですか？
量的データ …アユの摂取量
おおっ よくぞ聞いて
くださいましたっ
現在　私は
秋津城下の領民が
きわめて体格壮健である
理由について研究をして
おりまして
それは秋津の特産品
「アユ」を多く食している
せいではないか？
とひそかに考えて
おるのですよ

アユを…
ですか？
ええ　アユは
私の大好物…
いえ　栄養豊富な
食品ですから
医学的観点
から…
アユと体格の関係を
真剣に解析して
いるのです
ぱ
くっ
なるほど…
それでこの寺には
魚が多いのか
生で食わぬ
ほうが…
データ解析は
このようにさまざまな
目的をもって行われます
たとえば…

データ解析の目的の事例

・「魚の摂取量が増えると，体格が立派になる傾向があるのではないか？」

・「秋津城下の領民たちの脈拍は，一般的にどのくらいなのか？」

・「酒の摂取量によって，血圧を予測できるのではないか？」

・「脈拍・血圧などのデータから，病気になるかどうか予測できるのではないか？」

・「検査データから，患者の重症度の分類ができるのではないか？」

観察・調査したデータから
新しく使える情報を引き出すために
データ解析を行うのでございます

データを集め　そして
解析する…
まさに若のような
責務を負うお方に
ふさわしいですね!!
そうきたか
むむ…

それでは若様
簡単なデータ解析を
体験してみませんか？

現在　調査中の
案件ですが
秋津城下の一部の
領民の体格　すなわち
身長を調べたデータが
ここにございます

身長データ

番号	身長（センチ）	番号	身長（センチ）
1	154.2	11	156.5
2	160.2	12	156.1
3	155.7	13	154.6
4	157.7	14	158.3
5	159.5	15	159.1
6	156.2	16	158.9
7	156.9	17	155.6
8	160.5	18	157.4
9	152.3	19	157.7
10	153.6	20	153.2

身長データの分布

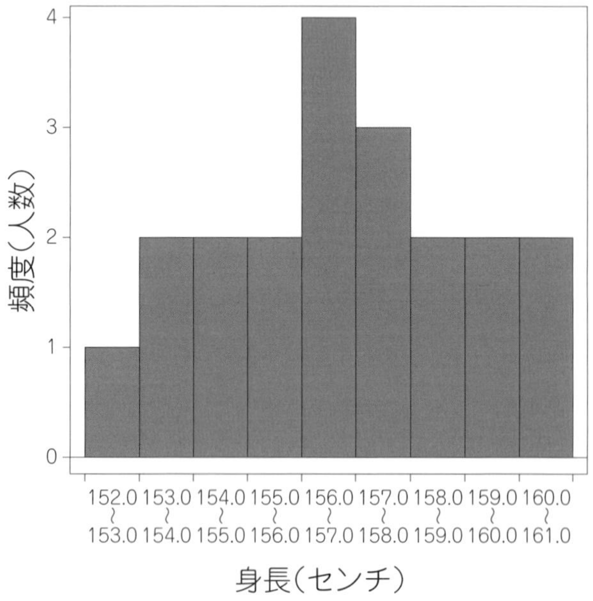
頻度（人数）
0
1
2
3
4
152.0 ～ 153.0
153.0 ～ 154.0
154.0 ～ 155.0
155.0 ～ 156.0
156.0 ～ 157.0
157.0 ～ 158.0
158.0 ～ 159.0
159.0 ～ 160.0
160.0 ～ 161.0
身長（センチ）

これがデータか
1人ずつ測定
したのだな
左のデータの頻度を
整理して記録したものが
右の図です

身長という１つの項目に着目してデータを分析しようとする場合には
調査した集団の代表となる値を計算することが多いですね
これを「代表値」といいます
代表値
つまり　秋津の民の体格をあらわす指標を計算するのです

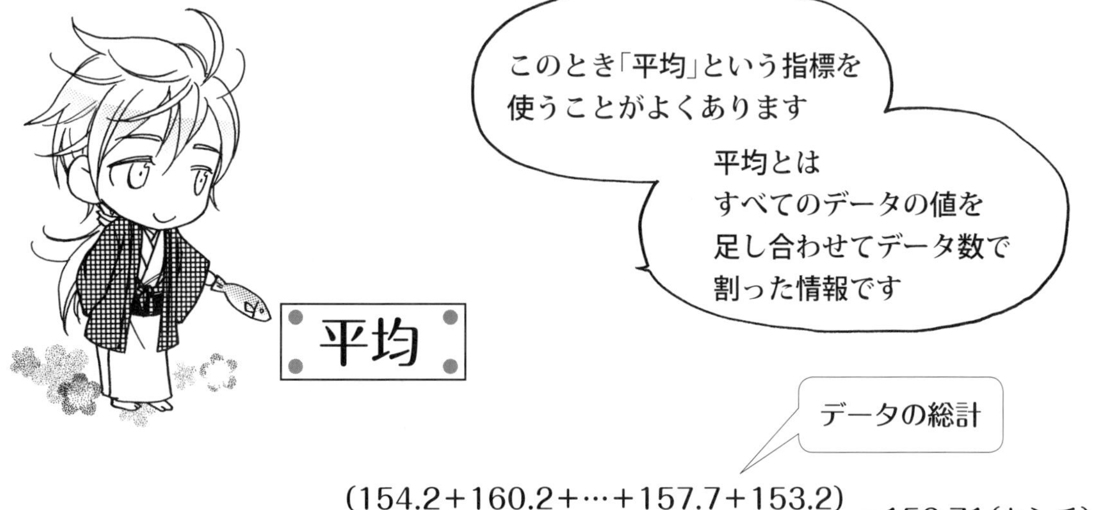

このとき「平均」という指標を使うことがよくあります
平均とはすべてのデータの値を足し合わせてデータ数で割った情報です
平均

データの総計

$$\frac{(154.2+160.2+\cdots+157.7+153.2)}{20}=156.71\text{(センチ)}$$

データ数

これで秋津の民の体格がおおよそどのくらいであるかをあらわすことができるのですよ
体格をあらわす指標…便利なものですね

しかし問題が
あるぞ
秋津の領民は
もっと大勢おる
これは領民
全部のデータでは
ないな？
はい　全部調査できない
場合は適切な方法で
一部の「標本（サンプル）」を抽出して
調査します
抽出した標本から
代表値を推定するのです
標本（サンプル）
推測統計
この手法は
「推測統計（すいそくとうけい）」と
呼ばれます
今日は簡単にするために
全部を調査した
事例として扱いましょう
うむ…だがそれでも
計算をするのは
面倒そうだな
全部を足し合わせて
割るのが平均か……

その点は
おまかせください
じゃーん
おおっ!?
またでた!!
それは？
数値を瞬時に
計算してくれる
機械でございます
平均
算術演算装置（コンピュータ）と
呼ばれております
そうそう
最近では世界（インターネット）とも
つながるのですよ
面白草子
おおっ　面白草子（マンガ）まで
読めるとは！
なんと素晴らしい
道具じゃ!!
ひょーっ
ひょいっ
それでは
面倒な計算は
機械にまかせて…
あ

分散

$$\frac{(154.2-156.71)^2+(160.2-156.71)^2+\cdots+(157.7-156.71)^2+(153.2-156.71)^2}{20}$$

データと平均の差

データ数

$=5.248$

標準偏差

$\sqrt{分散}=\sqrt{5.248}=2.291$

分散の平方根

ほかの指標も
ご紹介しましょう
平均と合わせ
こちらの情報も
よく使われます
まだ読んでなかったのに…

こちらは集団内での
データのばらつき具合を
あらわす指標と
なっております
ばらつき

ここで紹介した
データは 1人の
データにつき
身長という項目が
1つありますから
「1変量の事例」と
呼んでおります
1変量？ それでは
2や3もあるわけ
ですか？
身長

ええ　１件のデータについて
それぞれ　年齢・脈拍・身長・
体重などといった　たくさんの
項目を調べる場合
これは「多変量データ」
と呼ばれております

多変量データ

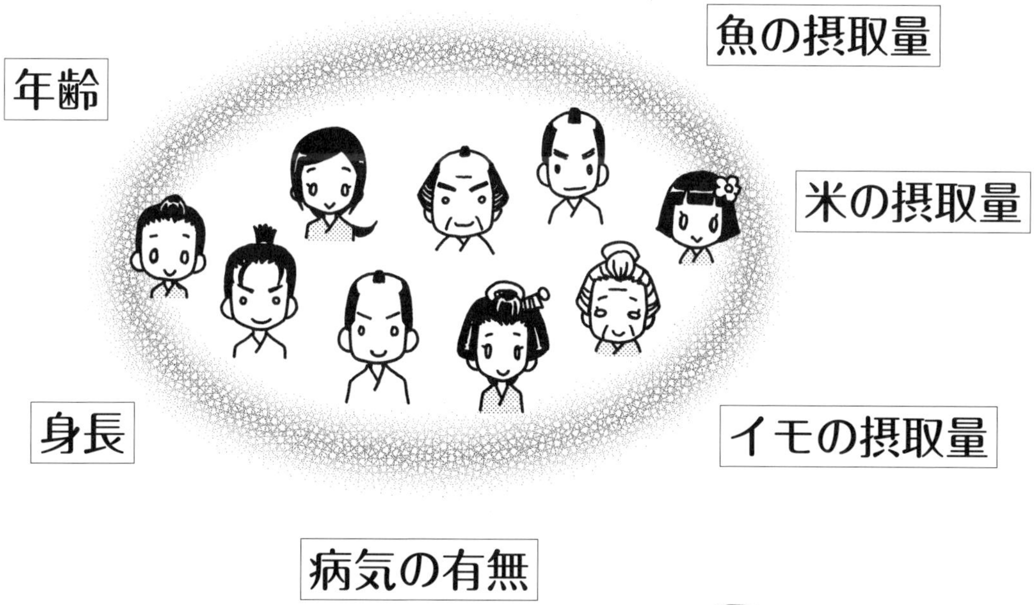
年齢
魚の摂取量
米の摂取量
身長
イモの摂取量
病気の有無

食い物の情報が
多いようだが？
魚だの
イモだの
食べるのが
好きなお方
なのでは…？
うま
うま

多変量では項目間の関係をまずよく考える必要がありますね
年齢
体重
身長
魚の摂取量
たとえば先ほどのアユの件ですが…
アユの摂取量が秋津の領民の体格に影響をおよぼしているのではないかと考えるのです
アユ
領民
図示するとこんな感じになります
食品Aの摂取量
身長
これを「パス図」といいます
こうした図をもとにして項目間の関係を考え分析していくのですよ

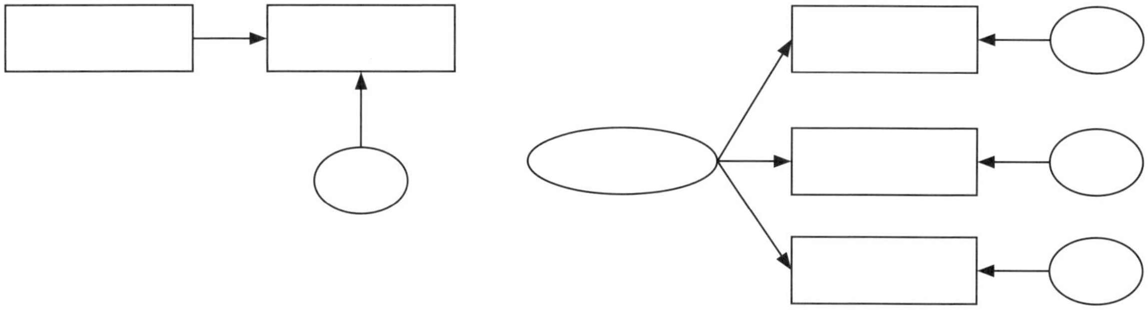

パス図はこんなふうに
さまざまな状況を
分析する道具として
使われ
いろいろな形を
とります
電脳で分析・計算した
数値を書き込むことも
あります
食品Aの
摂取量
0.0408
身長
電脳？
算術演算装置（コンピュータ）の
呼び名でございますよ
電脳…ふむ
確かにまるで
人間の頭脳を
みるようだな
いかがでしたか？
少しは興味を
お持ちいただけたで
しょうか

若様
これからぜひ一緒に勉強していきましょうね
若が学ぶべきことは多そうですね!!
うむむ…
ただいま ──
吉秀様
照姫 まだいたのか
私を放ってお出かけになったと聞いてお待ちしておりました
…で お勉強はいかがでした？

まあまあかなあ　そうだ　これ　みてみ
何ですか？この似姿は…
これはきっと妖術ですッ
その方は妖術遣いに違いありません!!
なんとおそろしい…!!
これは…この似姿は現実(まこと)的すぎます…!!
ブルブル…
あとデンワとか
コンピュータとか
その方が長崎からいらした蘭学の先生です
それは「写真」というものだそうです
次回からは私もご一緒に参ります!
決めましたっ
吉秀様をお守りするため
ズ…

まとめ

平均や分散は，よく使われる統計指標です。また，パス図を使ってデータ項目間の関係をあらわすことができます。データ解析では，これらの指標や道具を使っていくことになります。基礎を押さえてみてくださいね。

Q&A

Question

統計指標には，どのようなものがありますか？

Answer

平均や分散のほか，よく使われる指標には次のものがあります。表にまとめておきましょう。

データの中央をあらわす指標

指標	内容	特徴
中央値（メディアン）	データを値順に並べたとき中央となる値（データが偶数個の場合は中央の2個を足して2で割る）	分布に偏りがある場合にもよい指標となる
最頻値（モード）	最も多い値	外れ値に影響されにくい
平均（ミーン）	データの総和÷データ個数	偏りのない分布の場合によく利用される

データの散らばりをあらわす指標

指標	内容
範囲	最大値－最小値
偏差平方和（変動）	$\Sigma(\text{データ}-\text{平均})^2$
分散	$\dfrac{\Sigma(\text{データ}-\text{平均})^2}{\text{データ個数}}$ （推測統計では分母に「データ個数－1」を使うことが多い）
標準偏差	$\sqrt{\text{分散}}$

Question

統計指標は，自分で計算しなければならないだろうか？

Answer

電脳，すなわちコンピュータによって計算することができますよ。
表計算ソフトの Excel を使うと便利です。たとえば，次のように計算します。

①データを入力します。

	A	B	C	D	E	F	G
1	154.2						
2	160.2						
3	155.7						
4	157.7						
5	159.5						
6	156.2						
7	156.9						
8	160.5						
9	152.3						
10	153.6						
11	156.5						
12	156.1						
13	154.6						
14	158.3						
15	159.1						
16	158.9						
17	155.6						
18	157.4						
19	157.7						
20	153.2						
21							
22							

データを入力する

②データ範囲を指定した関数を入力します。

たとえば，平均の場合は「＝AVERAGE(範囲)」を入力します。範囲は「左上のセル名：右下のセル名」となります。マウスで必要な範囲を選択すると，自動的に入力されます。

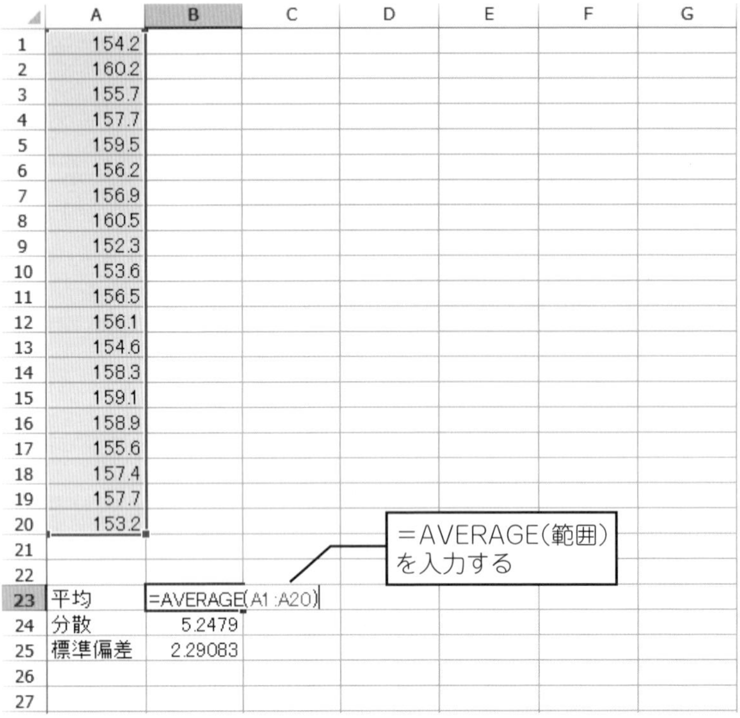

A
B
C
D
E
F
G
154.2
160.2
155.7
157.7
159.5
156.2
156.9
160.5
152.3
153.6
156.5
156.1
154.6
158.3
159.1
158.9
155.6
157.4
157.7
153.2
平均
=AVERAGE(A1:A20)
分散
5.2479
標準偏差
2.29083
＝AVERAGE(範囲)
を入力する

③計算結果を確認します。

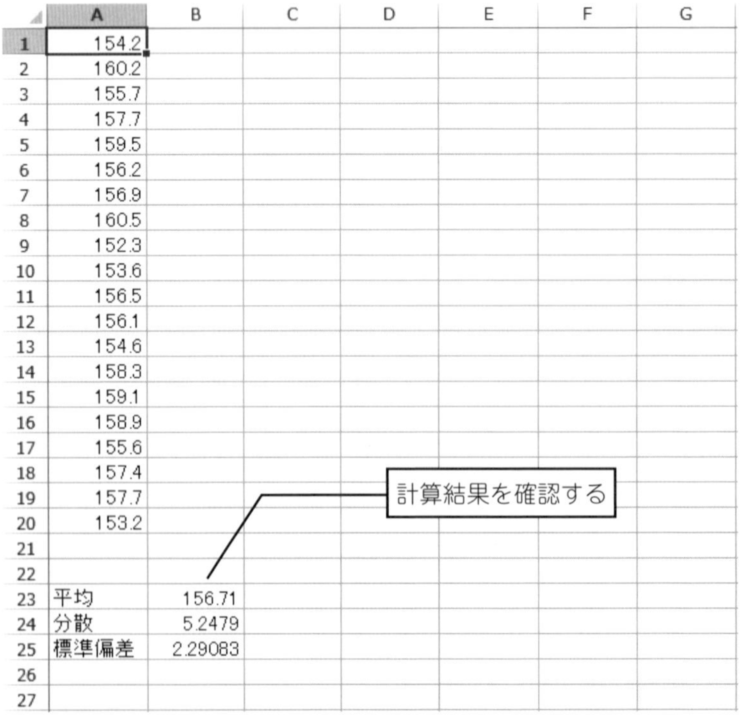

A
B
C
D
E
F
G
154.2
160.2
155.7
157.7
159.5
156.2
156.9
160.5
152.3
153.6
156.5
156.1
154.6
158.3
159.1
158.9
155.6
157.4
157.7
153.2
計算結果を確認する
平均
156.71
分散
5.2479
標準偏差
2.29083

その他の指標の計算も，同様に行うことができます。

指標	関数
平均	AVERAGE( )
中央値	MEDIAN( )
最頻値	MODE( )
範囲	MAX( )－MIN( )
偏差平方和（変動）	DEVSQ( )
分散	VARP( )
標準偏差	STDEVP( )

Question

パス図について，もっと詳しく教えてください。

Answer

パス図は，多変量データ解析などにおいて項目間の関係をあらわすツールです。

パス図では，次のような図を使います。データ項目は，「変数」とも呼ばれます。関係のある項目は線で結び，影響を及ぼす方向に矢印を付けます。矢印には，影響の大きさをあらわす「パス係数」と呼ばれる数値を記入する場合もあります。

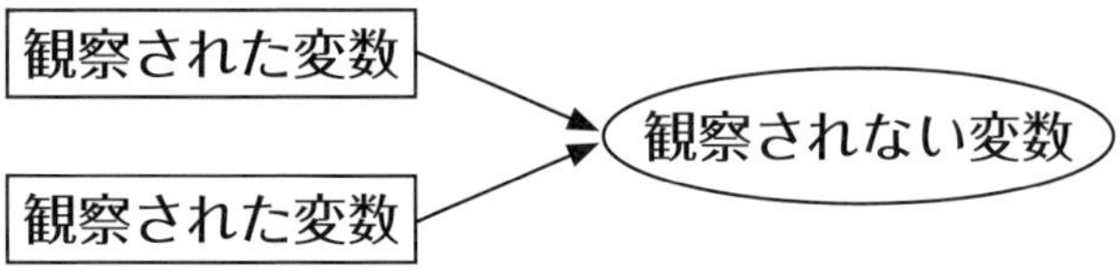

パス図では，調査などによって得た項目は長方形で，直接観察できない項目は楕円であらわします。この章では調査した「魚の摂取量」・「身長」というデータ項目同士について分析していますので，両方とも長方形のデータ項目を使いました。本書の第３章と第４章では観察されない項目も登場しますよ。

Question

「推測統計」は，どのように学べばよいだろうか？

Answer

本シリーズの『マンガで学ぶ医療統計』で勉強できますよ。

『マンガで学ぶ医療統計』には，推定・検定の手法が紹介されています。平均・分散などの統計指標の計算についても詳しく解説されているので，ぜひ本書と一緒に勉強してみてくださいね。

Question

これからたくさんのデータを扱うことになりそうですが…

Answer

データ解析では，表計算ソフトや統計パッケージを利用することができますよ。

データ解析では，多くのデータを扱います。計算にあたっては，電脳（コンピュータ）を利用することが必要となるでしょう。簡単なデータ解析では，この章で紹介したように表計算ソフトを使うと便利です。

本書でも，基本的なデータ解析について表計算ソフト「Excel」を使って手順を紹介することにしましょう。また，計算手順が複雑となる解析の場合には，統計パッケージ「R」の結果（R Commander を使用）を紹介します。結果を確認してみるとよいでしょう。

このほかにも，さまざまな統計パッケージが利用されています。お使いの環境で利用できる統計パッケージについて調べてみてください。

- Microsoft Excel
  http://office.microsoft.com/ja-jp/excel/
- R
  http://www.R-project.org
  R Core Team (2013). *R : A Language and Environment for Statistical Computing.*
  R Foundation for Statistical Computing, Vienna, Austria.

Chap. 2

回帰分析

たとえば，栄養が体格に与える影響のように，調査したデータ項目が別のデータ項目に影響を与えていると考えられる状況があります。こうした関係を解析する手法として，「回帰分析」があります。回帰分析によって，データ項目間の関係や影響を明らかにすることができます。この章では，回帰分析を学んでいくことにしましょう。

おや　今日は
姫様もご一緒ですか
つかつか
つかつか
賢兼寺
どんっ
よっ吉秀様をたぶらかしておるのは
あなた様でございますかっ!?
照姫様っ!!
あわわ
も〜…
照姫ってばホントに
ついてきちゃうし…
いえ　結構ですよ
本日は姫様もぜひ
ご一緒いたしましょう
ささ、どうぞ

ん？　カイキ？
かっ怪奇ですか!?
!!
それでは先日の続き
「回帰分析（かいきぶんせき）」についてお勉強いたしましょう
だからいったではございませんか!!
これは妖術に違いないと！
べしっ
虎丸っ そなたがついておりながら!!
吉秀様をこんな危険な目に合わせるとは！
ももも申し訳ございません…
まあまあ皆様落ち着いて

回帰とは
多変量データ解析の
一種なのでございます
この書物のお題ですね
あ――
これのこと
だったのか
ご家老様が
お持ちになった
書物ですね
?
回帰分析の
例として…
先日から私が
続けております
アユの研究をあげる
ことができます
また生で食べるの？
生？
こうしたパス図を持つデータを
解析する事例が
魚の摂取量 → 身長
回帰分析の典型的な
状況なのでございます
では焼いてみましょうかね♪

魚の摂取量が
秋津の領民の体格に
影響を与えているのでは
ないか？
と　いうこと
でしたよね
領民
説明変数
目的変数
魚の摂取量
身長
はい　このとき
魚の摂取量を「説明変数」
身長を「目的変数」と
呼んでおります
回帰分析とは
１つの目的変数を説明変数で
説明するデータ解析法のことなのですよ
説明変数
目的変数
姫様のただ１つの目的は
若様なのですね？
そっそうですわ♥
……

さて　先日の件ですが
このようなデータが集まりました

魚の摂取量と身長

番号	魚摂取量（グラム）	身長（センチ）	番号	魚摂取量（グラム）	身長（センチ）
1	197.8	154.2	11	204.3	156.5
2	301.2	160.2	12	217.7	156.1
3	220.1	155.7	13	210.1	154.6
4	236.6	157.7	14	281.2	158.3
5	317.7	159.5	15	316.1	159.1
6	264.3	156.2	16	308.5	158.9
7	206.2	156.9	17	240.1	155.6
8	320.1	160.5	18	260.0	158.1
9	156.9	152.3	19	235.8	157.7
10	198.1	155.1	20	160.3	153.2

（摂取量は 1 週間あたり平均）

アユの摂取量と身長を記録したわけですね

番号	魚摂取量（グラム）	身長（センチ）
1	197.8	154.2
…	…	…

1 人分のデータ

はい　この部分が
1 人分のデータに
なります

料金受取人払郵便

新宿北局承認

6812

差出有効期間
平成28年 7 月
28日まで
（切手不要）

郵便はがき

169-8790

121

東京都新宿区百人町 1-22-23
新宿ノモスビル 2 F

医学評論社／みみずく舎 行

ふりがな	
氏　名	
住　所	〒　　　　tel e-mail：

御　所　属	購入書店名

『マンガで学ぶ データ解析』

愛読者カード

本書をご購入いただき，ありがとうございます。
お手数ですが，ご意見・ご希望を頂戴できれば幸いです。

●本書の満足度 0 50 100%

●ご購入の動機

① 実物を見て　② 推薦（先生，先輩，友人）
③ 書店店頭広告　④ 出版案内　⑤ 小社ウェブサイト
⑥ その他（　　　　　　　　　　　　　　　　　）

●本書に対するご意見・ご感想をお聞かせください。

［良かった点］

［改善点］

●今後どのような出版物をご希望なさいますか。

＊ご提供いただいた個人情報は，新刊案内や企画立案のために利用し，漏洩防止などの厳正な管理を行います。

ご協力ありがとうございました。

ううむ　しかしこれだけでは
アユの摂取量と体格との
関係などということは
さっぱりわからんぞ
そうですね
まず　1人ひとりのデータ
について　2つの変数の関係を
図面に描いていきましょう

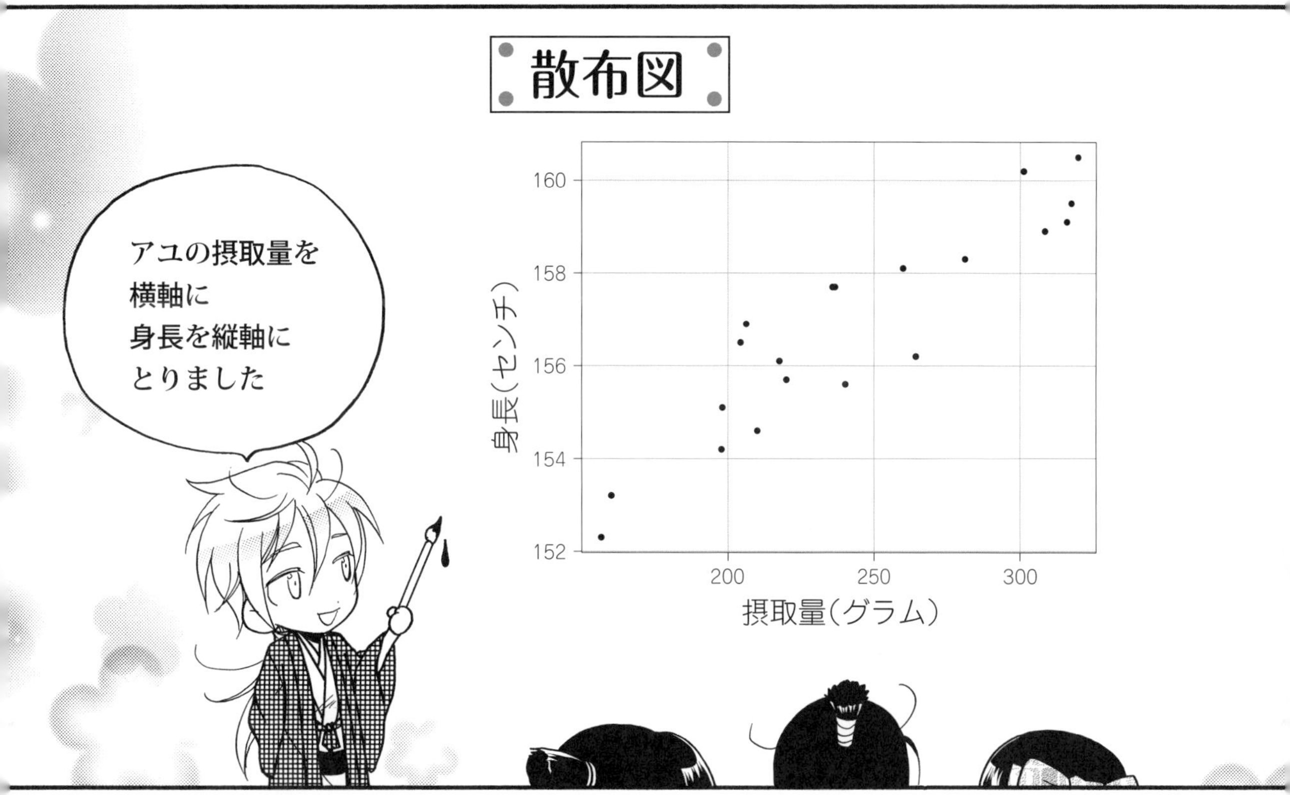
散布図
アユの摂取量を
横軸に
身長を縦軸に
とりました
身長（センチ）
摂取量（グラム）
152
154
156
158
160
200
250
300

ふうむ
確かになんだか
左下から右上にむかって
まとまっているように
みえる…　アユと体格とは
何か関係があるようだな
いかにも!!
これこそ
アユの摂取量が
増えれば身長が
大きくなる…
すなわち
体格がよくなる…
という傾向を
示していると
考えられるのです

相関係数

$$R = \frac{\sum_{i=1}^{n}(x_i-\overline{x})(y_i-\overline{y})/n}{\sqrt{\sum_{i=1}^{n}(x_i-\overline{x})^2/n}\sqrt{\sum_{i=1}^{n}(y_i-\overline{y})^2/n}}$$

（x_i：説明変数の観測値，$\overline{x}$：説明変数の平均，
y_i：目的変数の観測値，$\overline{y}$：目的変数の平均，
n：観測数）

もっとわかりやすいように数値を使って調べてみましょう
この値は「相関係数」と申すものでございます
ぎょーー!!
うおおおお!! こいつは難しいッ
計算は電脳にまかせるっ!!
ぽい
はい
しかし意味をよく押さえていただきたいですね
魚の摂取量 → 身長
増える 増える
相関係数＞0
魚の摂取量 → 身長
増える 減る
相関係数＜0
この相関係数は説明変数の値が大きくなったときに目的変数の値が大きくなるのでしたら正（プラス）つまり0より大きくなり…
説明変数の値が大きくなったときに目的変数の値が小さくなるのでしたら負（マイナス）つまり0より小さくなります

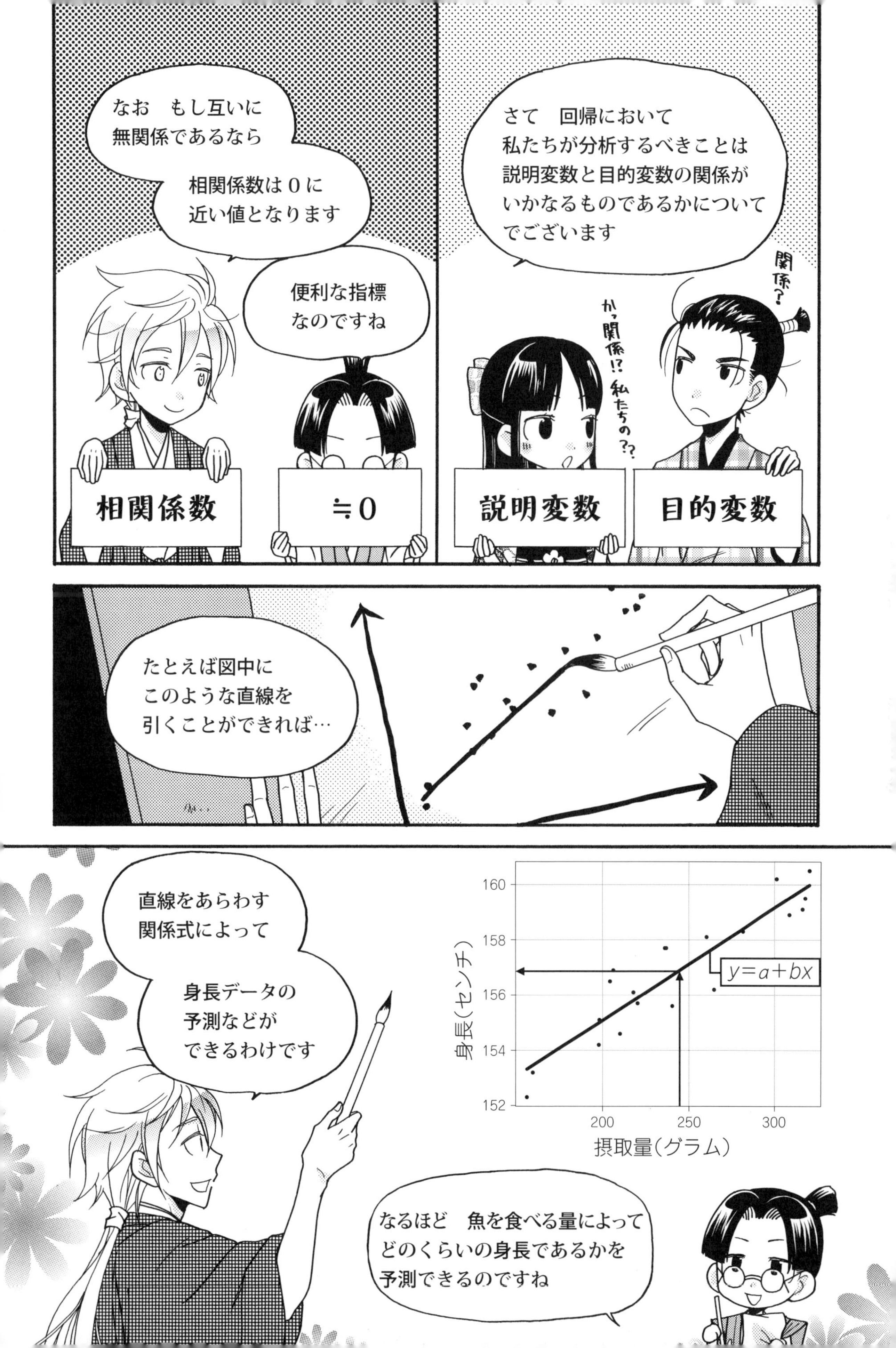
さて　回帰において
私たちが分析するべきことは
説明変数と目的変数の関係が
いかなるものであるかについて
でございます
関係？
かっ関係!? 私たちの??
説明変数
目的変数
なお　もし互いに
無関係であるなら
相関係数は０に
近い値となります
便利な指標
なのですね
相関係数
≒０
たとえば図中に
このような直線を
引くことができれば…
直線をあらわす
関係式によって
身長データの
予測などが
できるわけです
y=a+bx
身長（センチ）
摂取量（グラム）
152
154
156
158
160
200
250
300
なるほど　魚を食べる量によって
どのくらいの身長であるかを
予測できるのですね

160
158
156
154
152
200
250
300
身長（センチ）
摂取量（グラム）
距離
さて　この直線を見つけるためには　通常「最小二乗法」と呼ばれる手法を用いて計算いたします
さいしょう に じょうほう
これは各点と直線との距離の二乗の和を最小にする方法です
距離を最小に？
そそっ
よめ
若
ひめ
よめ
ちょっちょっと!!
ええ　すべての点からの距離の二乗の和をこんな感じで最小にいたします
回帰
電脳によって計算した結果を示しましょう
この式を「回帰式」といいます
$y=0.0408x+146.92$
身長（センチ）
摂取量（グラム）
おおーっ
ひどいっ
ほほーっ
さすが!!

ちょっと待って！
最小二乗法… どうしてそのような方法で 回帰式を決める必要が あるのですか？
そうですね …
各データについて 平均からのデータの ばらつきを考えてみますと
回帰式によって 説明できるばらつきと 説明できないばらつきに 分けることができます
データのばらつき
説明できないばらつき
説明できるばらつき
データ
回帰式
平均
回帰式を求める場合には この説明できないばらつき… すなわち「誤差」を最小に するように考えます
すべての点について 考えなければならないので 誤差の二乗を 足し合わせるのですよ
姫様はご不満かもしれませんが…
二乗にするのは誤差の 符号をプラスに そろえるためですね
誤差を含めた回帰式のパス図は このようになるのです
魚の摂取量
0.0408
身長
誤差
回帰式の傾き すなわち係数も 記入いたしました

誤差とはなんとも
あやしげな…
じっ
では　この関係式というものは
本当に信じてよいもの
なのですか？
疑い深いですねー
式が真実であるとは
言い切れないのでは!?
それを確かめるためには
この指標を使います
R^2
それは？
「決定係数」と
申します
決定係数
決定!

決定係数

$$R^2 = \frac{\sum_{i=1}^{n} (\hat{y}_i - \overline{y})^2}{\sum_{i=1}^{n} (y_i - \overline{y})^2}$$

回帰式で説明できるばらつき（分子）

データのばらつき（分母）

(y_i：観測値，$\hat{y}_i$：予測値，$\overline{y}$：平均)

決定係数は回帰式の当てはまり具合をあらわす数値です
データのばらつきのうち回帰式で説明できる部分が大きい場合
つまり１に近い場合には回帰式がよりよく目的変数を説明していることになります
説明できるばらつき
説明できないばらつき
R^2＝0.8445（魚の摂取量と身長の場合）
実は　決定係数の値は相関係数の二乗となっているのですよ
決定係数 R^2
相関係数 R
二乗
ふう　では決定係数さえあれば万事解決　か！
いえ　若様 お待ちください
確かに照姫様のおっしゃいますとおりこの関係が真実であるとは言い切れないこともございます
ぬ？
そうなのですか？

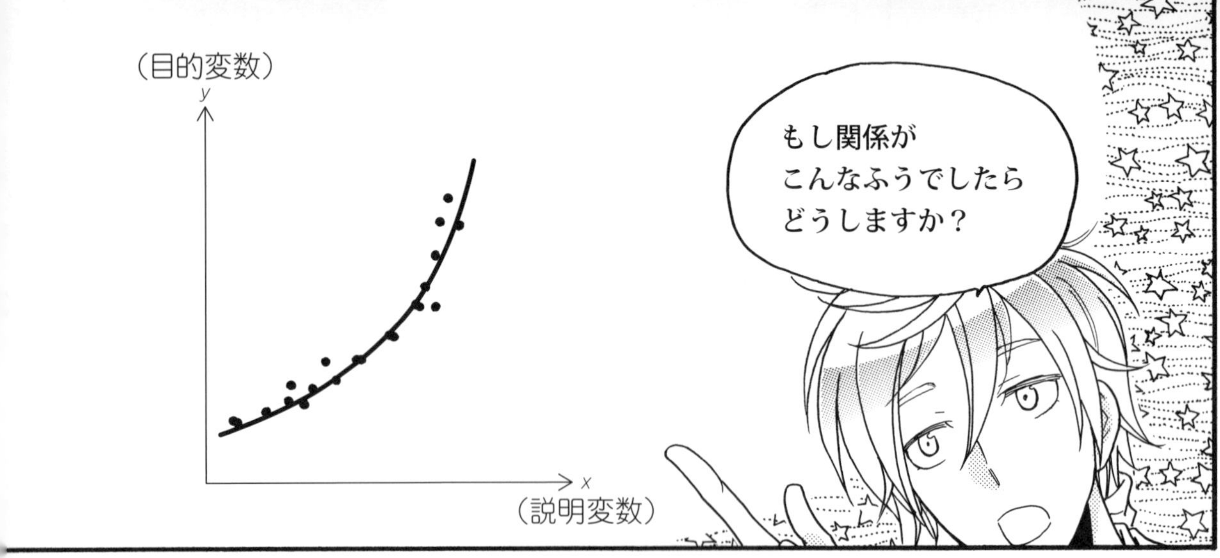

（目的変数）
y
x
（説明変数）
もし関係が
こんなふうでしたら
どうしますか？

むう　今度は説明変数と
目的変数との間に
曲線の関係があるようだな
項目によっては
このような曲線関係を
当てはめたほうが
当てはまりがよいことが
あります

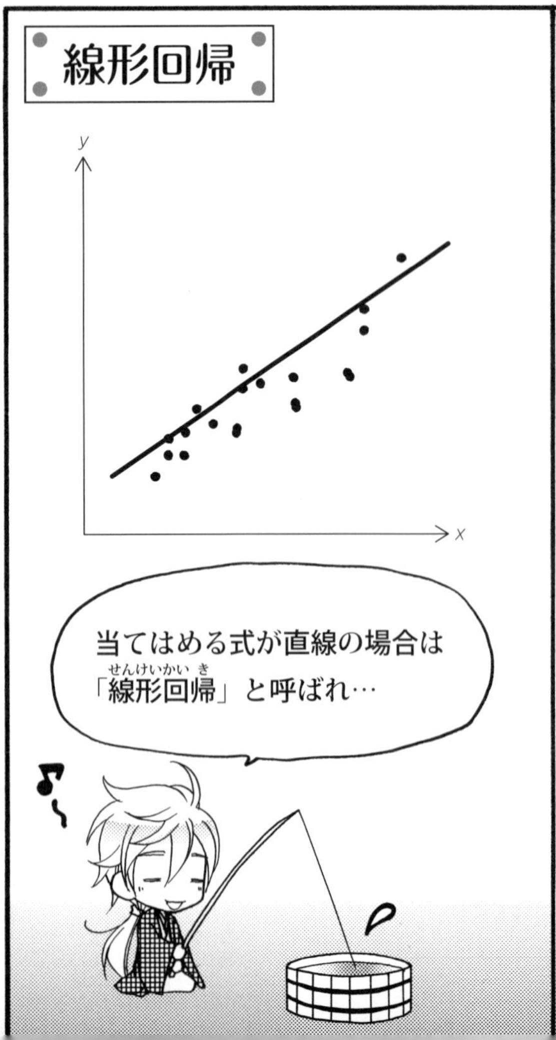

線形回帰
y
x
当てはめる式が直線の場合は
「線形回帰（せんけいかいき）」と呼ばれ…

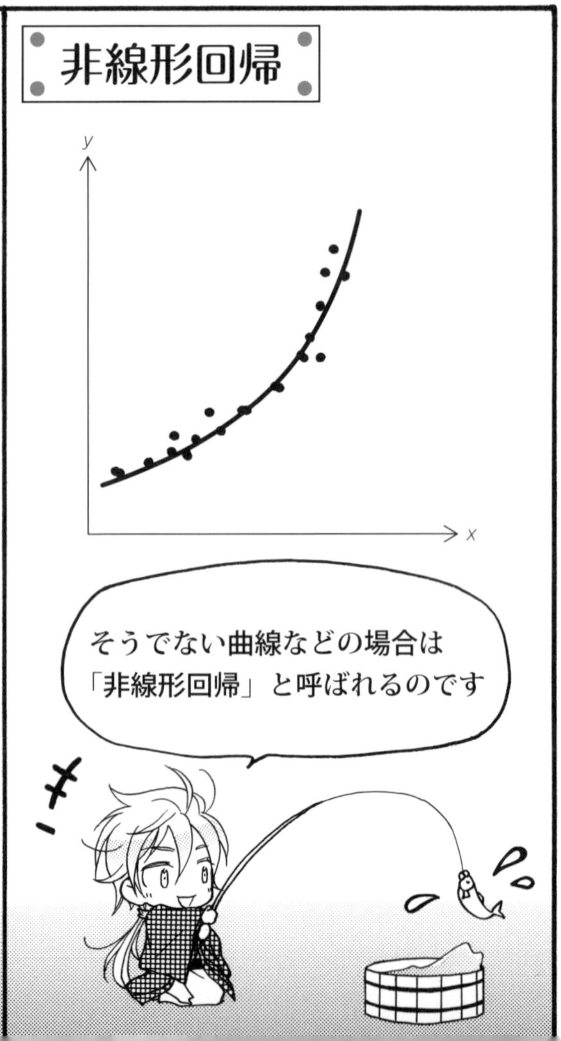

非線形回帰
y
x
そうでない曲線などの場合は
「非線形回帰」と呼ばれるのです

こんなに曲がった線の
式など計算できるのか!?
うおおお
さらに難しそうだ〜〜
そうですね
ですが　電脳の発達で
曲線の式も解析しやすく
なっているのですよ
便利な時代になりました
意外と便利なのね
よかったですね!!
さて　私が最も興味を持って
おりますものが　さらに多くの
変量による
データ解析でございます
つまり…

食品の摂取量と身長

番号	魚摂取量（グラム）	米摂取量（グラム）	豆摂取量（グラム）	身長（センチ）	番号	魚摂取量（グラム）	米摂取量（グラム）	豆摂取量（グラム）	身長（センチ）
1	197.8	630	75.9	154.2	11	204.3	780	115.6	156.5
2	301.2	1100	95.1	160.2	12	217.7	610	93.8	156.1
3	220.1	748	33.8	155.7	13	210.1	530	116.7	154.6
4	236.6	600	176.1	157.7	14	281.2	820	108.6	158.3
5	317.7	750	158.3	159.5	15	316.1	735	135.8	159.1
6	264.3	879	114.8	156.2	16	308.5	680	182.8	158.9
7	206.2	935	75.8	156.9	17	240.1	630	76.4	155.6
8	320.1	1056	95.5	160.5	18	260.0	718	134.8	157.4
9	156.9	780	16.8	152.3	19	235.8	720	121.8	157.7
10	198.1	670	133.9	155.1	20	160.3	592	114.0	153.2

（摂取量は 1 週間あたり平均）

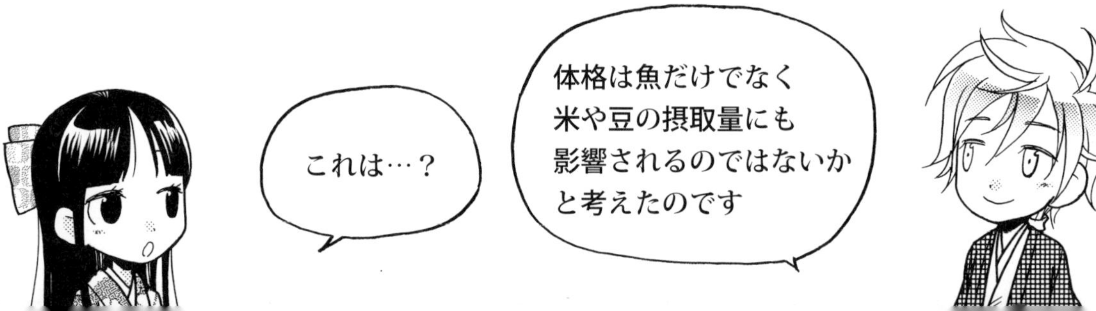
これは…？
体格は魚だけでなく
米や豆の摂取量にも
影響されるのではないか
と考えたのです

多くの項目が身長に影響を与えているというような状況は
こんなパス図によって分析されることになります
魚の摂取量
米の摂取量
豆の摂取量
身長
おなかがすいてきたわ…
やはり食い物に興味があるようだな
ひそ
ええ
ひそ
?
今までのように1つの目的変数を1つの説明変数で説明しようとする場合は「単回帰」です
単回帰
説明変数
目的変数
1つの目的変数に対して複数の説明変数がある場合を「重回帰」といいます
重回帰
説明変数
説明変数
説明変数
目的変数

さて　重回帰では
最も単純な関係として
次の関係を考えます
ここでは３つの
説明変数があるので
このような式になります
身長
$y=a+bx_1+cx_2+dx_3$
魚
米
豆
こっ　この式が
どのようなもの
であるのかを
考えるのですね…！
おおっ
ええ　この a〜d が
どのような値であるのか
を解析するのです
はい　電脳（コンピュータ）で
やってみましょう
$y=a+bx_1+cx_2+dx_3$
⬇
$y=144.65+0.0286x_1+0.0048x_2+0.0147x_3$

重回帰では「多重共線性（たじゅうきょうせんせい）」に注意する必要がありますね
多重共線性
多重共線性？
説明変数同士が強く関係している場合…
たとえば魚と米の摂取量に強い関係があるときには目的変数をうまく説明できないのですよ
項目の選び方に注意する必要があるのですね
はい
回帰にはこのほかにも多様な応用があるのです
回帰分析
たとえば食事と病気の発生の有無などとの関係を考える場合など…
こうした話題はまた後ほど日を改めましてご説明いたしましょう
はー…終わった

かなりのアユ捕りの
名人のようですね
アユをもらって
しまった
ちゃぷ
そのアユ　私が
手料理いたしますっ
そうですわ！
ポンッ
姫様ご乱心!!
げっ!?
すたこらー
ご家老様が
お嫁様候補の方々との
お見合いの場を設定して
くださるそうですよ
そっそういえば
嫁探しの件が
まだだな
何にしようかしら…
焼き物？煮物??
吉秀様の
ばかーっ
おおっ 早く
そうしてくれ!!

まとめ

相関係数などの統計指標は，データ同士の関係を知る場合に便利です。また，調査したデータのうちの１つをほかの項目で説明したいときには，回帰分析を行うとよいでしょう。回帰式によって，データ項目が説明される関係をあらわすことができますよ。

Q&A

Question

データ項目間の関係をあらわす統計指標は，どうやって計算すればよいですか？

Answer

Excel の関数で各指標を計算できます。

指標	関数
共分散	COVAR( )
相関係数	CORREL( )

相関係数は，この章で紹介しました。共分散は，各個体のデータ項目について，平均からの差を掛け合わせたものの和をデータ個数で割ったものです。相関係数と同様に，データ項目間の関係の強さをあらわします。

たとえば，この章で使った魚の摂取量と身長データの場合は，次のように計算できます。

①データを２列で入力します。

	A	B	C	D
1	197.8	154.2		
2	301.2	160.2		
3	220.1	155.7		
4	236.6	157.7		
5	317.7	159.5		
6	264.3	156.2		
7	206.2	156.9		
8	320.1	160.5		
9	156.9	152.3		
10	198.1	155.1		
11	204.3	156.5		
12	217.7	156.1		
13	210.1	154.6		
14	281.2	158.3		
15	316.1	159.1		
16	308.5	158.9		
17	240.1	155.6		
18	260	158.1		
19	235.8	157.7		
20	160.3	153.2		
21				
22				

データを入力する

②＝COVAR(X 範囲，Y 範囲)，＝CORREL(X 範囲，Y 範囲）を入力します。

X 範囲

Y 範囲

	A	B	C	D	E
1	197.8	154.2			
2	301.2	160.2			
3	220.1	155.7			
4	236.6	157.7			
5	317.7	159.5			
6	264.3	156.2			
7	206.2	156.9			
8	320.1	160.5			
9	156.9	152.3			
10	198.1	155.1			
11	204.3	156.5			
12	217.7	156.1			
13	210.1	154.6			
14	281.2	158.3			
15	316.1	159.1			
16	308.5	158.9			
17	240.1	155.6			
18	260	158.1			
19	235.8	157.7			
20	160.3	153.2			
21					
22					
23	共分散	=COVAR(A1:A20,B1:B20)			
24	相関係数	0.918958			
25					

＝COVAR(X 範囲, Y 範囲)
を入力する

＝CORREL(X 範囲, Y 範囲)
を入力する

③結果を確認します。

	A	B	C	D	E
1	197.8	154.2			
2	301.2	160.2			
3	220.1	155.7			
4	236.6	157.7			
5	317.7	159.5			
6	264.3	156.2			
7	206.2	156.9			
8	320.1	160.5			
9	156.9	152.3			
10	198.1	155.1			
11	204.3	156.5			
12	217.7	156.1			
13	210.1	154.6			
14	281.2	158.3			
15	316.1	159.1			
16	308.5	158.9			
17	240.1	155.6			
18	260	158.1			
19	235.8	157.7			
20	160.3	153.2			
21					
22					
23	共分散	102.5374			
24	相関係数	0.918958			
25					

計算結果を確認する

Question

回帰分析とはつまり，どのような解析であろうか…？

Answer

回帰分析について復習してみましょう。

回帰分析では，データから次のような式を求めることで解析を行います。

目的変数　説明変数

$$y=a+bx_1+cx_2+\cdots+kx_n$$

説明変数　説明変数

（説明変数となるデータ項目数は n 個，目的変数となるデータ項目数は 1 個）

回帰分析では，調査したデータ項目のうちの１つを目的変数とし，他のデータ項目である説明変数で説明することを考えるのです。図にあらわすと，次のようになります。

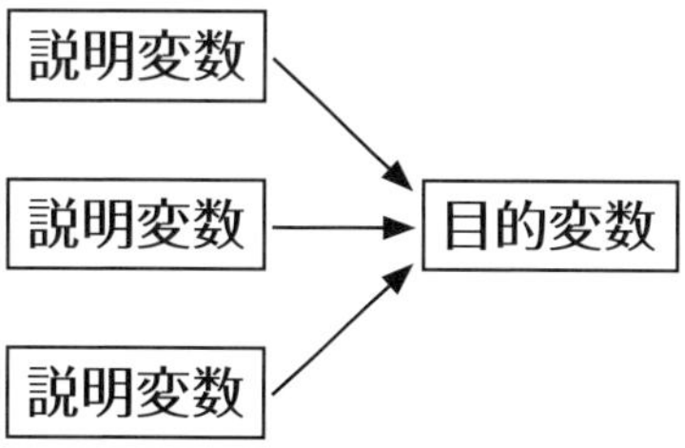

Question

回帰分析の方法を教えてください。

Answer

電脳（コンピュータ）の使い方を紹介します。

①データを入力します。

ここでは，A～C 列に３種類の食品摂取量データ，D 列に身長データを入力しています。

	A	B	C	D	E
1	197.8	630	75.9	154.2	
2	301.2	1100	95.1	160.2	
3	220.1	748	33.8	155.7	
4	236.6	600	176.1	157.7	
5	317.7	750	158.3	159.5	
6	264.3	879	114.8	156.2	
7	206.2	935	75.8	156.9	
8	320.1	1056	95.5	160.5	
9	156.9	780	16.8	152.3	
10	198.1	670	133.9	155.1	
11	204.3	780	115.6	156.5	
12	217.7	610	93.8	156.1	
13	210.1	530	116.7	154.6	
14	281.2	820	108.6	158.3	
15	316.1	735	135.8	159.1	
16	308.5	680	182.8	158.9	
17	240.1	630	76.4	155.6	
18	260	718	134.8	158.1	
19	235.8	720	121.8	157.7	
20	160.3	592	114	153.2	
21					
22					

②メニューの「データ」を選択した後，「データ分析」を選択します。

すると，回帰分析を選択できるようになります。手順は，Excel のバージョンによって異なる場合もあります。

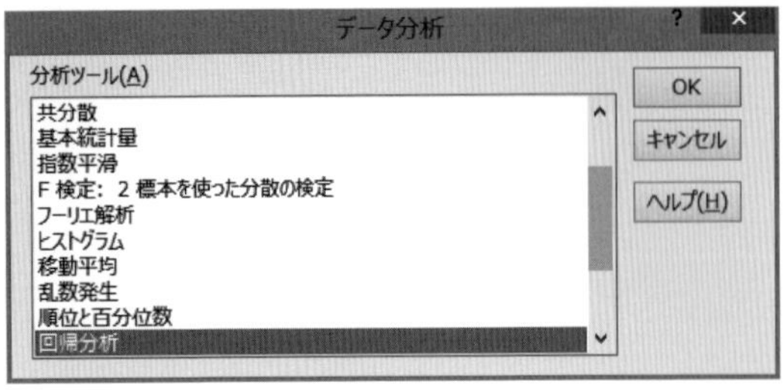

②「入力 Y 範囲」（身長）と「入力 X 範囲」（3 種類の摂取量）をマウスで選択して指定します。

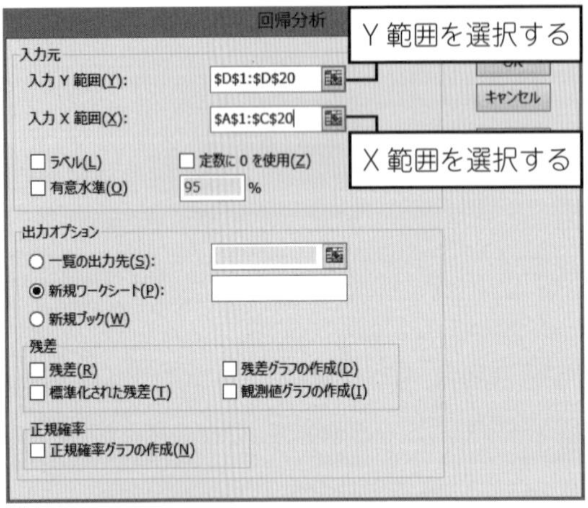

③この章のデータについて回帰分析をした結果は，次のようになります。

以下の箇所に，$y=a+bx_1+cx_2+dx_n$ という回帰式の a～d の値が求められます。

	A	B	C	D	E	F	G	H	I	J
1	概要									
2										
3	回帰統計									
4	重相関 R	0.949852								
5	重決定 R2	0.902219								
6	補正 R2	0.883886								
7	標準誤差	0.77819								
8	観測数	20								
9										
10	分散分析表									
11		自由度	変動	分散	観測された分散比	有意 F				
12	回帰	3	89.40272	29.80091	49.21053527	2.67E-08				
13	残差	16	9.689277	0.60558						
14	合計	19	99.092							
15										
16		係数	標準誤差	t	P-値	下限 95%	上限 95%	下限 95.0%	上限 95.0%	
17	切片	144.6552	1.141851	126.6848	1.90193E-25	142.2346	147.0759	142.2346	147.0759	
18	X 値 1	0.028675	0.005314	5.395954	5.94329E-05	0.01741	0.039941	0.01741	0.039941	
19	X 値 2	0.004817	0.001638	2.940622	0.009595926	0.001344	0.008289	0.001344	0.008289	
20	X 値 3	0.014732	0.006035	2.441143	0.026640579	0.001939	0.027525	0.001939	0.027525	
21										
22										

a（切片）の値が求められる

係数 b, c, d の値が求められる

Question

決定係数はどのように計算しますか？

Answer

重決定 R^2 を調べます。

「重決定 R^2」は，回帰分析の結果として調べることができます。

	A	B	C	D	E	F	G	H	I	J
1	概要									
2										
3	回帰統計									
4	重相関 R	0.949852								
5	重決定 R2	0.902219								
6	補正 R2	0.883886								
7	標準誤差	0.77819								
8	観測数	20								
9										
10	分散分析表									
11		自由度	変動	分散	観測された分散比	有意 F				
12	回帰	3	89.40272	29.80091	49.21053527	2.67E-08				
13	残差	16	9.689277	0.60558						
14	合計	19	99.092							
15										
16		係数	標準誤差	t	P-値	下限 95%	上限 95%	下限 95.0%	上限 95.0%	
17	切片	144.6552	1.141851	126.6848	1.90193E-25	142.2346	147.0759	142.2346	147.0759	
18	X 値 1	0.028675	0.005314	5.395954	5.94329E-05	0.01741	0.039941	0.01741	0.039941	
19	X 値 2	0.004817	0.001638	2.940622	0.009595926	0.001344	0.008289	0.001344	0.008289	
20	X 値 3	0.014732	0.006035	2.441143	0.026640579	0.001939	0.027525	0.001939	0.027525	
21										
22										

重相関 R（相関係数）が求められる

重決定 R^2（決定係数）が求められる

なお，「重相関 R」は重決定 R^2 の平方根であり，回帰式の右辺全体を 1 つの説明変数と考えたときの目的変数との相関係数をあらわします。

また，「補正 R^2」は重決定 R^2 についてデータの個数（観測数）を補正したものです。決定係数は，データの個数が多いほど 1 に近づく性質があります。このため，データの個数を補正した数値を検討する場合があるのです。補正 R^2 も，1 に近いほうが回帰式の当てはまりがよいと考えられます。

Question

回帰式を求める際に，気を付けなければならないことはあるだろうか？

Answer

回帰式の係数や決定係数などのほかにも，注意するべき値があります。

	A	B	C	D	E	F	G	H	I	J
1	概要									
2										
3	回帰統計									
4	重相関 R	0.949852								
5	重決定 R2	0.902219								
6	補正 R2	0.883886								
7	標準誤差	0.77819								
8	観測数	20								
9										
10	分散分析表									
11		自由度	変動	分散	観測された分散比	有意 F				
12	回帰	3	89.40272	29.80091	49.21053527	2.67E-08				
13	残差	16	9.689277	0.60558						
14	合計	19	99.092							
15										
16		係数	標準誤差	t	P-値	下限 95%	上限 95%	下限 95.0%	上限 95.0%	
17	切片	144.6552	1.141851	126.6848	1.90193E-25	142.2346	147.0759	142.2346	147.0759	
18	X 値 1	0.028675	0.005314	5.395954	5.94329E-05	0.01741	0.039941	0.01741	0.039941	
19	X 値 2	0.004817	0.001638	2.940622	0.009595926	0.001344	0.008289	0.001344	0.008289	
20	X 値 3	0.014732	0.006035	2.441143	0.026640579	0.001939	0.027525	0.001939	0.027525	
21										
22										

t 値に注意する

P 値に注意する

● *t* 値（t）

回帰式の切片（*a* の値）または係数（*b*, *c*, *d* の値）が 0 とならないことを調べる（検定する）ための値です。推定された係数の値を誤差で割ったものとなっています。

特に，係数（*b*, *c*, *d*）に関する *t* 値には注意が必要です。推定された係数が誤差に比べて大きい場合に限って，その係数がかかるデータ項目が回帰式において意味を持つと考えたほうがよいでしょう。

係数が 0 となる可能性が高い場合にはそのデータ項目は意味を持たないということになり，データ項目を回帰式からはずして考えることも検討しなければなりません。

このため，この回帰分析の結果においては *t* 値は大きいほうがよいと考えられます。一般的に，2 以上である場合に係数（データ項目）が意味を持つと考える場合が多くなっています。

● *P* 値（P-値）

切片・係数が 0 である確率をあらわします。このため，この *P* 値は小さいほうがよいと考えられます。一般的に，0.05 以下である場合に係数とデータ項目が意味を持つと考えます。

Chap. 3

主成分分析

この章では，データ項目を総合的にあらわすデータ解析手法を学びましょう。「主成分分析」では，観察したデータ項目を要約し，これらのデータを総合した情報を導き出すことができます。主成分によって，多くの項目をまとめた情報を得ることができます。さっそく主成分分析を学んでいきましょう。

てんつく てんつく
ぴー ひゃらら
びらっ
なかなか
良い感じじゃ
よく焼けておる
やっぱ焼いたちがうまいよな
うん？
具合はいかがでございますか　若
それも重要ですが！まずは勉学のことでございまする!!
今の若のご教養ぶりでは奥方様をお迎えになるにもお恥ずかしい限りではございませぬか!!
ああ　嫁候補の彼女たちのこと？
アユの焼け具合のことではございません!!
しゃなり しゃなり
爺が呼んできたんだよね？
いいんじゃない？あの似姿よりは
違います!!

あの――
若！　ほら!!
先日　ご家老様のために
ちょうどよい分析手法を
習ったじゃありませんか
佐々木様に
ご講義いただいた
「主成分分析（しゅせいぶんぶんせき）」で
ございますよ！
主成分分析？
そんなの聞いたかなあ？
おおっ　そのような
難しいことを学ばれた
のでございますか！
えー～
ここで？
宴会中なのに…
ご家老様の
ご機嫌まで
損ねたくないんですよ
照姫様の
ご機嫌も微妙
ですし
他の姫たちには
負けませんわ!!
む～…
そうだな
なんだかんだいっても
若に甘いご家老様…
仕方ありません
それでは今日は
私が説明いたします
えへん！
それでは
始めます

主成分分析とは
このようなパス図を使った
分析だそうでございます
説明変数
説明変数
説明変数
合成変数
合成変数
主成分分析では
データから新しい指標を
作り出します
説明変数から
新しい変数を
作り出すのです
この新しい変数は
「合成変数」と
呼ばれます
あやしい……
おおっ
そうだった！
新しい指標…
合成変数か…
どのようなもので
ござろうか？
たとえば「体力」に関する
総合的な指標を
合成いたします
ご家老様方の体力データを
調べて　新しい情報を合成し…
体力
データ１
体力
データ２
体力
データ３
運動総合
能力
持久力
体力データを要約した
総合的な情報と
することができるのです
つまりデータをまとめた
「総合情報」を知ることが
できます
おおっ
まことか？
そんなこと
できるんだ…

それならば戦で鍛えた
わしの体力もぜひ分析して
もらいたいものじゃ!!
何をすればよい!?
燃えてきたっ
ええと
佐々木様に
よれば…
「米俵運び」
「早駆け」
「川下り」
…を全力で行って
その持続時間を競うと
いうものです
よしっ わしも
データ解析に
協力を…ッ
はぅあ!!
爺!!
ご家老様っ!!

体力データ

（持続時間）

番号	米俵運び(分)	早駆け（分）	川下り（分）	番号	米俵運び(分)	早駆け（分）	川下り（分）
1	55.6	50.5	87.3	11	135.5	132.3	136.3
2	80.4	85.1	87.5	12	130.1	120.6	142.7
3	55.1	66.2	70.7	13	45.8	80.5	72.9
4	100.6	50.3	120.3	14	123.8	151.5	146.5
5	86.2	60.6	64.5	15	120.6	160.3	143.4
6	135.3	90.3	140.6	16	72.3	68.3	108.9
7	45.6	62.8	57.3	17	45.7	79.2	80.5
8	140.5	60.1	74.7	18	120.3	32.2	132.2
9	50.8	50.4	59.5	19	46.9	40.1	65.7
10	120.1	100.6	132.7	20	55.1	137.8	143.0

あの…
無茶なことを…
今日は佐々木様からお借りしてきました
秋津家の家臣の体力データから
分析を行ってみましょう

さて　主成分分析では
第一にこんな式を考えます
合成変数
$z_1 = ax_1 + bx_2 + cx_3$
米俵運び
早駆け
川下り
x_1〜x_3 が調査した
体力データ
z_1 が新しい変数を
あらわしています
出た!!　お決まりの
数式だー!!
ぎゃ
若!! ひるんでは
なりませぬー!!
この式を求めるということは
調査したデータから式の係数 a〜c
を求めるということですが…
このとき　新しい変数のばらつき
すなわち変数 z_1 の分散を
最大にするように式を決めるのです
a〜c を求める
$z_1 = ax_1 + bx_2 + cx_3$
z_1 の分散を最大にする
$z_1 = ax_1 + bx_2 + cx_3$
む？
なぜばらつきを
最大にするのじゃ？
総合情報となる
新しい変数の値ができるだけ
ばらつくようにしたほうが
わかりやすいということですね
うーん？

上のデータよりも
ばらついている下のほうが
読みやすいですよね
0
5
健康第一
0
10
健 康 第 一
ほほう
秋津家の
家訓じゃ
そこで　分散が最大になるように
a〜c を求めてみました
$z_1 = ax_1 + bx_2 + cx_3$
ただし $a^2 + b^2 + c^2 = 1$
$z_1 = 0.5550x_1 + 0.5906x_2 + 0.5859x_3$
なお　計算する際には
係数が大きくなりすぎないよう
各係数の二乗の和が
1 となるように求めます
つまり　係数は
最大でも 1 となるように
するのですね
この式によって求められる
新しい合成変数を
「第一主成分」と呼びます
第一主成分
各データにかかっている
係数 a〜c は
「主成分負荷量」と呼ばれます
ふうむ
それが家臣データに
よって作られた体力に
関する新しい情報か…
第一主成分

具体的にどのような
情報をあらわしておるの
じゃろうな
そうですね…
佐々木様は名前を
付けるのがよいと
おっしゃっていました
これはどの項目も
負荷量がプラスの値に
なっていますから…
+
$z_1 = 0.5550x_1 + 0.5906x_2 + 0.5859x_3$
+
+
たとえば運動能力を
すべて足し合わせた
「総合運動能力」
…などという名前を付けて
みるのはいかがでしょうか？
総合運動能力
ふむ
「総合運動能力」か
名前の付け方は
重要となりそうじゃな
はい

主成分得点

番号	米俵運び（分）	早駆け（分）	川下り（分）	第一主成分得点
1	55.6	50.5	87.3	111.83
2	80.4	85.1	87.5	146.14
3	55.1	66.2	70.7	111.10
4	100.6	50.3	120.3	156.02
5	86.2	60.6	64.5	121.41
6	135.3	90.3	140.6	210.79
7	45.6	62.8	57.3	95.96
8	140.5	60.1	74.7	157.23
9	50.8	50.4	59.5	92.82
10	120.1	100.6	132.7	203.81
11	135.5	132.3	136.3	233.18
12	130.1	120.6	142.7	227.03
13	45.8	80.5	72.9	115.67
14	123.8	151.5	146.5	244.01
15	120.6	160.3	143.4	245.61
16	72.3	68.3	108.9	144.26
17	45.7	79.2	80.5	119.30
18	120.3	32.2	132.2	163.24
19	46.9	40.1	65.7	88.20
20	55.1	137.8	143.0	195.74
分散	1278.0	1371.3	1094.3	2703.1

0.5550×120.1
$+0.5906\times100.6$
$+0.5859\times132.7$
$=203.81$
（10 番目の主成分得点）

求めた式に個人ごとの項目データを当てはめて計算した結果を「主成分得点」といいます
主成分得点

すべてのデータを考慮してよりばらつきが大きい得点を考える…
体力についてわかりやすい指標ができたということかな
主成分得点は元のデータよりもばらつき…
すなわち分散が大きくなっています

次に　第二主成分を考えます
第一主成分は調査データのすべての情報を持っているわけではありません
第一主成分だけではまだあらわされていない情報があると考えることができます
第二主成分
第一主成分

どうしてじゃ？
はい
では　それについてご説明いたしましょう

もともと第一主成分はばらつきが大きくなる方向からデータをみるということです
ここではわかりやすく右の２次元図で考えてみましょう

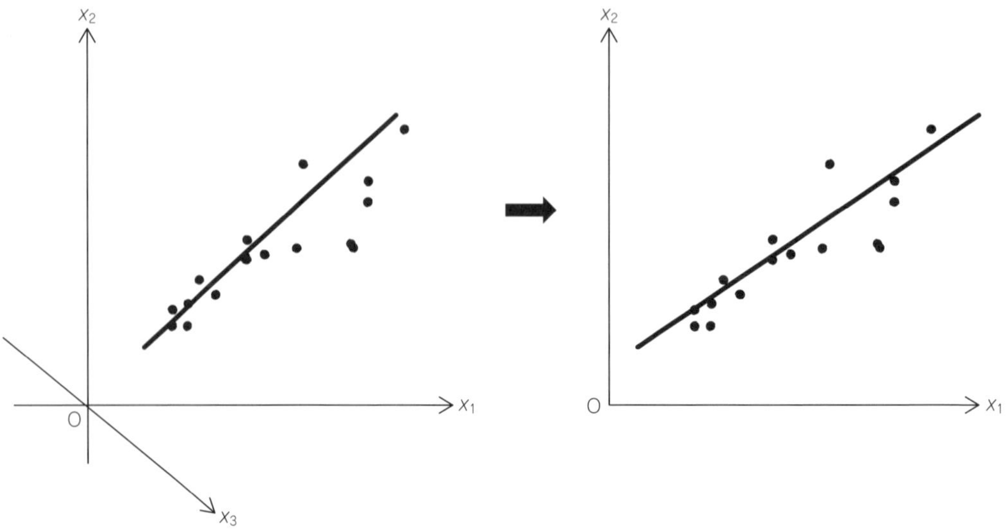

x2
O
x1
x3
x2
O
x1

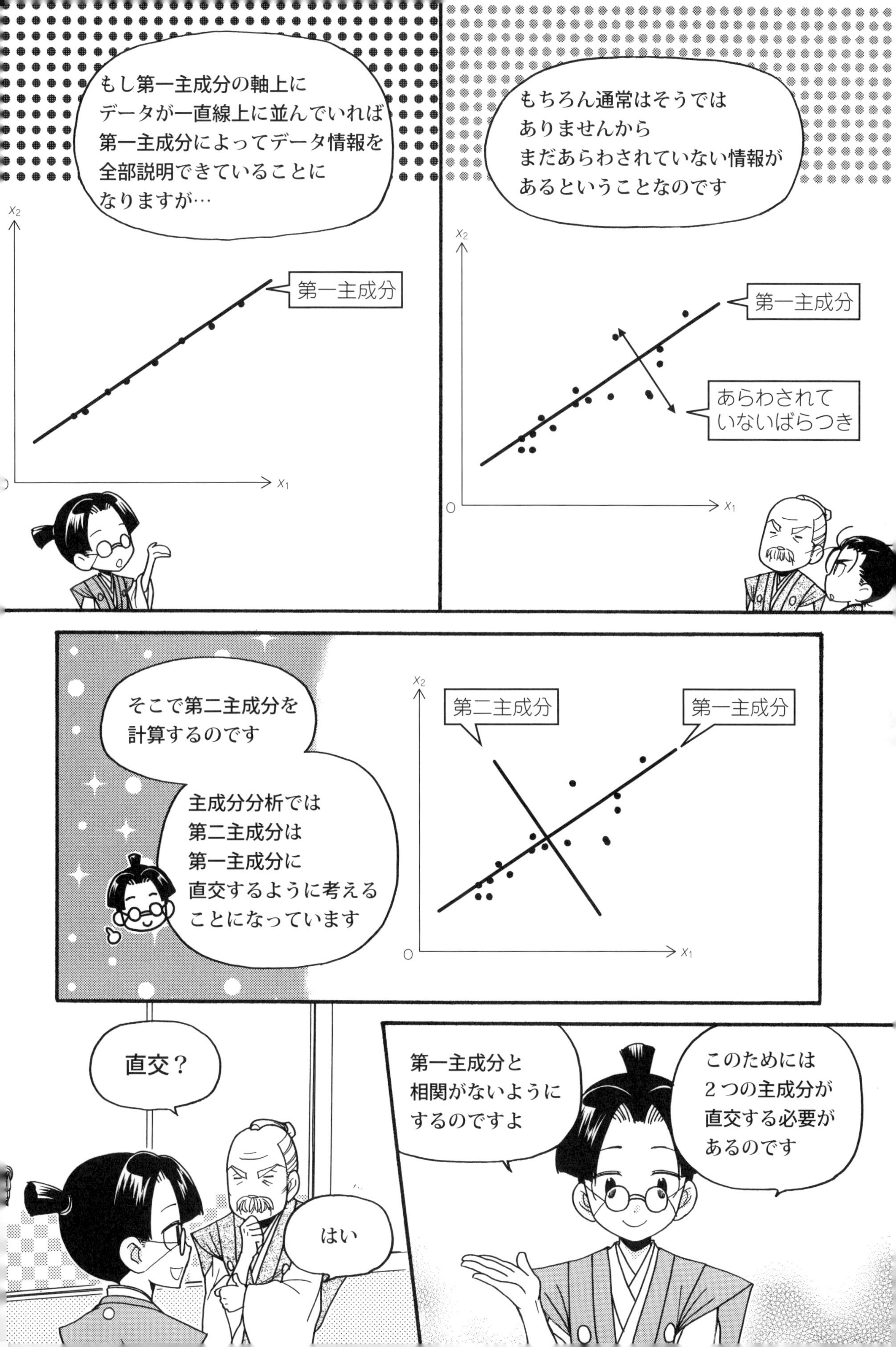
もし第一主成分の軸上に
データが一直線上に並んでいれば
第一主成分によってデータ情報を
全部説明できていることに
なりますが…
x_2
第一主成分
x_1
もちろん通常はそうでは
ありませんから
まだあらわされていない情報が
あるということなのです
x_2
第一主成分
あらわされて
いないばらつき
O
x_1
そこで第二主成分を
計算するのです
主成分分析では
第二主成分は
第一主成分に
直交するように考える
ことになっています
x_2
第二主成分
第一主成分
O
x_1
直交？
はい
第一主成分と
相関がないように
するのですよ
このためには
2つの主成分が
直交する必要が
あるのです

第三主成分以降を
考える場合もありますね
この場合は
第一主成分・第二主成分の
どちらとも直交するようにします
第二主成分
第一主成分
第三主成分
直交!!
直交!!
直交!!
さて　実際に
第二主成分を計算
したものがこちらです
$z_2 = dx_1 + ex_2 + fx_3$
ただし $d^2 + e^2 + f^2 = 1$
かつ
$ad + be + cf = 0$（直交）
$z_2 = 0.7113x_1 - 0.7021x_2 + 0.0340x_3$
第一主成分と直交する
ように考えた上で
分散を最大にするのか
第二主成分の主成分負荷量をみると
「米俵運び」「川下り」という
特に持久性が必要な項目が
プラスの値になっていますから
$z_2 = 0.7113x_1 - 0.7021x_2 + 0.0340x_3$
＋
－
＋
第二主成分には
「持久力」という名前を
付けてみますね
持久力

早駆けの負荷量はマイナスだから
持久力については逆の評価と
なるということか
しかし　主成分の名前の
付け方にはいろいろなものが
考えられるような気がするな
爺も言っておったが
ですな
主成分の名前を付ける際には
データを分析する人間の
考え方があらわれるようです
吉秀様
スラッ
ご勉学中で
いらっしゃいますか？
あっ…
若様
がんばれ
主成分の考え方か…
嫁探しと同様
コレっ
はしたないッ!!
きゃーっ
ぬけがけよッッ
きゃーっ
悩ましい…

第一・第二か… 一体いくつ考えられるのであろうな 主成分は
きゃーきゃー
面白草子
面白草子は今5冊…嫁は何人？
主成分はデータをまとめ要約するものですからより少ない数の変数で全体の情報をあらわすことになります
説明変数
説明変数
説明変数
第一主成分
第二主成分
若にそこまで甲斐性があるなら爺は歓迎ですぞ!!
それほど多く必要ではないようですよ
より少ない数…か
きゃーきゃー
嫁候補も数を絞り込んだほうがよさそうだの…
まったくです…
やかましいっっ!!

さて　どの程度の数まで
主成分を考えればよいのか
寄与率
それを調べるために
「寄与率（きよりつ）」を使います
寄与率？
吉秀様〜〜〜っ
だめーっ
寄与率は　それぞれの主成分が
どれだけ観測データの情報を
あらわしているかを示す指標です
私が一番ですわ
第一主成分で
あらわされる部分
あらわされ
ない部分
寄与率
つまり
各主成分のばらつきが
全体のばらつきの中で
どのくらいを占めるのかを
示しています
第一主成分の寄与率
第一主成分
得点の分散
$= \frac{2703.1}{1278.0+1371.3+1094.3}$
$= 0.722$（72.2%）
全体の分散
（各データの分散の和）
たとえば　第一主成分の
寄与率はこのように
なっています
第一主成分で
全体の 72.2%を
あらわせるのか
そうですわっ
吉秀様には私 1 人で
十分です♥

ふうむ　同じようにして
第二主成分の寄与率は 21.1％か
この２つがあれば十分で
あるようだが…
どうして
２人目が
いるのっ
72.2％
第一主成分で
あらわされる部分
あらわされ
ない部分
第二主成分で
あらわされる部分
21.1％
あらわされない部分
累積寄与率
第二主成分で
あらわされる部分
あらわされ
ない部分
72.2＋21.1＝93.3％
第一主成分であらわされる部分
「累積寄与率」も
ありますよ
こちらは
第一主成分・第二主成分…
と　寄与率を順番に
足し合わせたものです
どうしてっ
第二主成分までの累積寄与率は
２つを足して 93.3％か
ふむ　これくらいの数は
検討してよいのではないか
いや　もっとよく
考えたほうがよい
私がっ
私がっ
私がっ
さて今回は
第一主成分・第二主成分…
と順に求めていきましたが
実際には電脳を用いまして
一発で計算するのが今流の
ようでございます
ずるずるー
さっ 姫様方は
こちらへ

また　主成分分析は
このような行列を用いて
計算することもあるそうです
分散共分散行列
1278 535.1 809.6
535.1 1371 835.8
809.6 835.8 1094
主成分分析
行列？
主成分分析では
主成分のばらつきが
重要でしたが
これは行列計算において
「固有値（こゆうち）」というもので
あらわされるそうですよ
ふーんて。
こうしたことはまた
改めまして佐々木様に
詳しくお伺いしてみたい
ものですね
おお
おおっ
そうするがよい！
ばん！
ですが…
余計なことを…

しかしさー　もー
どんどん数字だらけに
なるよなあ
行列って何…
若ーーー！
行列もいいですぞーっ
もっと行列を
増やしましょう!!
お言葉ですが
若
主成分分析の結果を
図であらわす方法も
学びましたよ
そうだっけ？
若は居眠りして
おられたよう
でしたが
主成分負荷量を
図の中に記入して
いくのですよ
点として記入することは
「プロット」というそうです
回帰分析でみた
散布図（p.43）のような
ものだな

ここでは横軸に
第一主成分負荷量を
縦軸に
第二主成分負荷量を
プロットします
サンプルプロット
第二主成分
（持久力）
米俵運び
川下り
0
0.55
第一主成分
（総合運動能力）
早駆け
これを
「サンプルプロット」と
いいます
ふうむ
「総合運動能力」は
どれもプラスの値
だったな
「持久力」は
「米俵運び」と「川下り」とが
プラスの側に来ておりますな
主成分の意味が
一目で理解しやすく
なりますよね
もう一つ
ご紹介しましょう

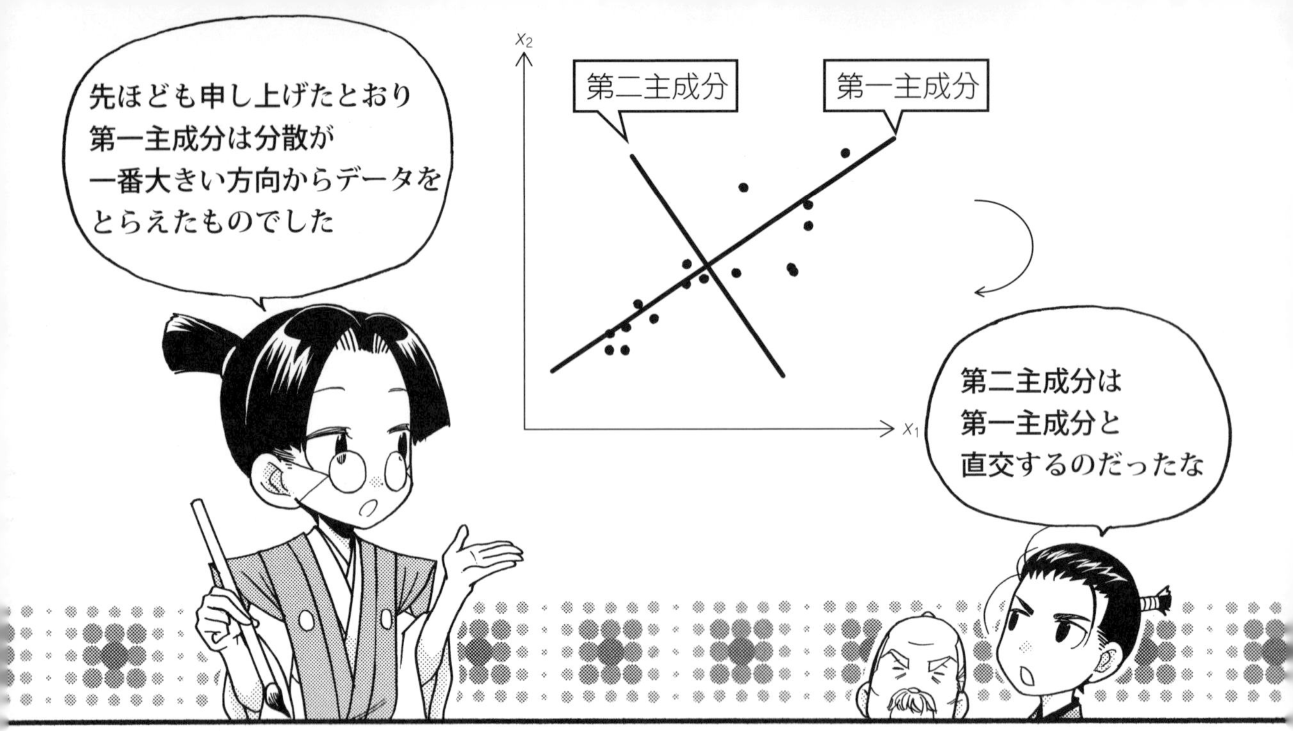
先ほども申し上げたとおり
第一主成分は分散が
一番大きい方向からデータを
とらえたものでした
第二主成分
第一主成分
x_2
x_1
第二主成分は
第一主成分と
直交するのだったな

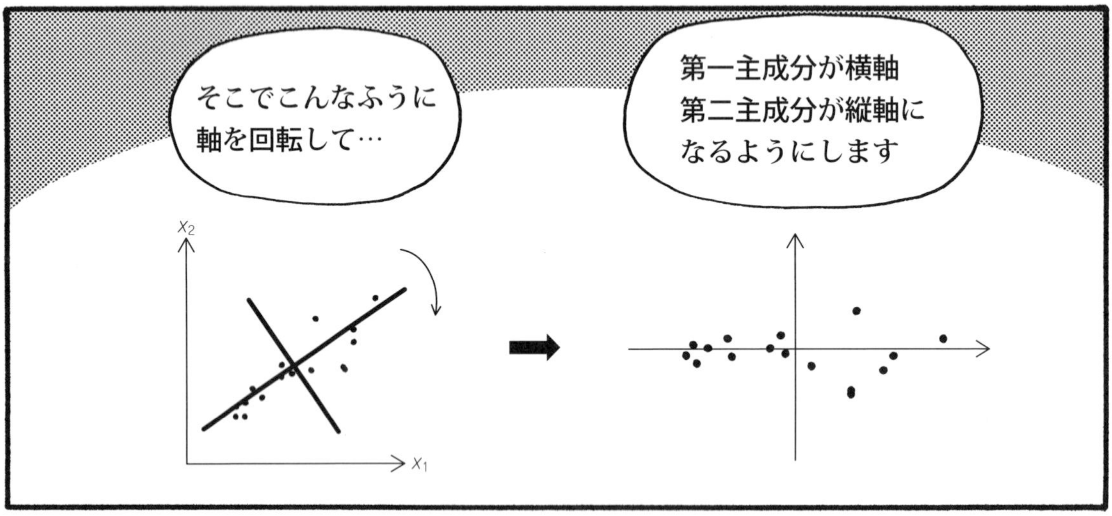
そこでこんなふうに
軸を回転して…
第一主成分が横軸
第二主成分が縦軸に
なるようにします
x_2
x_1

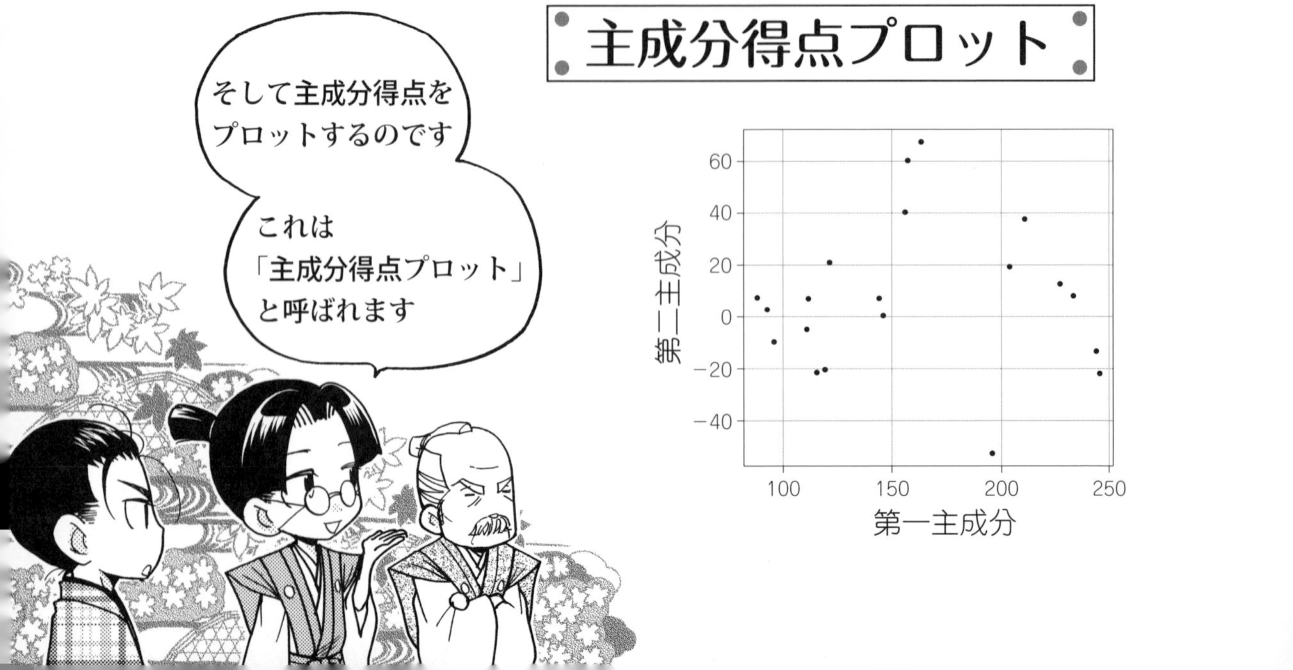
主成分得点プロット
そして主成分得点を
プロットするのです
これは
「主成分得点プロット」
と呼ばれます
第二主成分
第一主成分
60
40
20
0
−20
−40
100
150
200
250

軸を回転させて
プロットしたのか
各データの評価が
わかりやすく
なっています
たとえば図の右上に
位置する人物のデータは
総合運動能力と持久力に
優れていることになります
第二主成分
総合運動能力
・
持久力
=
優
第一
主成分
0
主成分分析は
違う視点からデータを
新しく眺めるもの
なのですね
なるほど　主成分分析
を使うと　データから
新しい情報を引き出す
ことができるのじゃな
ふむ…
確かに佐々木殿の
もとでいろいろ
学ばれたようですな
しかし　ほとんどが
虎丸の説明で
あったとは…
ちらり
ばれた!!

吉秀様には１日も早く教養高い殿になっていただかなければならないというのに…っ
よよ…
このままでは亡くなられた宗秀様に顔向けできませぬ!!
でも　じーちゃんって戦国時代の筋肉系侍だったんでしょ？
俺みたくガサツでたぶん勉強もできなかったって
ぷふーっ
それは断じて違いますぞ!!
ずいっ
あれは何年前のことになりますやら…
また始まったよ…
またです
宗秀様は　荒れる戦場においても傷ついた子猫をお助けになるようなお優しい方だったのでございます
きっと今の世であれば　存分にそのご器量を発揮され　さぞや秋津の領民に慈悲深い君主と慕われていたでありましょう…
ぶつぶつ…
まあまあご家老様…
ボッ

ばた
ばた
ばた
ぼーーん
!?
きゃーっ
何事じゃ!?
一体何が…っ
てっ照姫!?
ボロ
わ…私…吉秀様のため
手料理をご用意していたら
急に火が出て…っ
全員　顔を洗って
もう一度　寺で修行
してらっしゃーい!!!!
わーー～!!
若も！
虎丸も!!
くるっ
はっ
慣れないことをなさるから
そのようなことに
なるのですっ!!
わははー
そっくりー

まとめ

主成分分析では，調査したデータ項目を総合的に評価する指標を導き出すことができますよ。データをまとめ，本来のデータとは違う観点から眺めることができます。主成分得点を調べれば，データ項目を総合した指標を知ることができるでしょう。

? Q&A !

Question

主成分分析では，いろいろな用語が使われていたが…

Answer

用語を整理しておきましょう。

いろいろな用語がありましたね。次の表で確認してみてください。

主成分分析の用語

用語	意味
主成分負荷量	各式の係数
主成分得点（主成分スコア）	各式に個々のデータを当てはめて求めた得点
寄与率	各主成分得点の分散を全体の分散で割ったもの
累積寄与率	第一主成分から順に寄与率を足したもの
サンプルプロット	データ項目ごとに主成分負荷量をプロットしたもの
主成分得点プロット	各個体ごとに主成分得点をプロットしたもの

Question

主成分分析とは，つまりどのような解析手法といえるのでしょうか？

Answer

主成分分析について復習してみましょう。

主成分分析では，データから次のような式を求めることで解析を行います。

合成変数（第一主成分）

$$z_1 = \beta_{11}x_{11} + \beta_{21}x_{21} + \cdots + \beta_{k1}x_{k1}$$

合成変数（第二主成分）

$$z_2 = \beta_{12}x_{12} + \beta_{22}x_{22} + \cdots + \beta_{k2}x_{k2}$$

$$\cdots$$

合成変数（第 n 主成分）

$$z_n = \beta_{1n}x_{1n} + \beta_{2n}x_{2n} + \cdots + \beta_{kn}x_{kn}$$

データ項目　データ項目　データ項目

（データ項目数は k 個，成分数は n 個）

主成分分析では，調査したデータ項目から新しい合成変数を考えることになります。この変数は，データ項目を総合的にあらわしたものと考えられます。図にあらわすと，次のようになります。

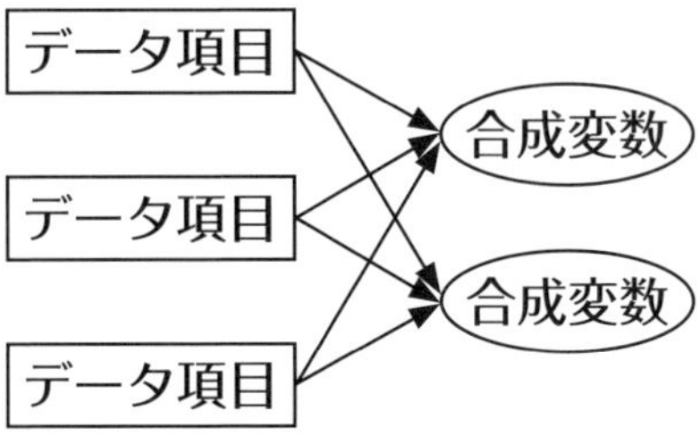

Question

主成分分析の方法を教えてください。

Answer

Excelを使った手法を紹介します。

データと計算式を入力した後，ソルバーを使って計算を行います。メニューから［データ］→［ソルバー］を選択して計算を行うことになります。

なお，ソルバーはExcelの追加機能となっています。ソルバーがメニューに追加されていない場合には，［ファイル］→［アドイン］→［ソルバー］を選択し，ソルバーを追加しておいてください。

①データを入力します。

また，第一主成分を求めるために計算式を入力します。

主成分得点（最初の行に
＝F6*A2＋G6*B2＋H6*C2
を入力して3～21行にコピー）

	A	B	C	D	E	F	G	H	I	J
1	米俵運び	早駆け	川下り	第一主成分得点						
2	55.6	50.5	87.3	193.4						
3	80.4	85.1	87.5	253						
4	55.1	66.2	70.7	192		主成分負荷量(第一主成分)				
5	100.6	50.3	120.3	271.2		a	b	c		
6	86.2	60.6	64.5	211.3		1	1	1	3	
7	135.3	90.3	140.6	366.2						
8	45.6	62.8	57.3	165.7						
9	140.5	60.1	74.7	275.3						
10	50.8	50.4	59.5	160.7						
11	120.1	100.6	132.7	353.4						
12	135.5	132.3	136.3	404.1						
13	130.1	120.6	142.7	393.4						
14	45.8	80.5	72.9	199.2						
15	123.8	151.5	146.5	421.8						
16	120.6	160.3	143.4	424.3						
17	72.3	68.3	108.9	249.5						
18	45.7	79.2	80.5	205.4						
19	120.3	32.2	132.2	284.7						
20	46.9	40.1	65.7	152.7						
21	55.1	137.8	143	335.9						
22				8104.819		←主成分得点の分散				
23	1278	1371	1094.3	3743.62		←各変量の分散の和				
24										
25				2.164969		←寄与率				
26						←累積寄与率				
27										

a～*c*の初期値として
1を入力しておく

係数の二乗の和
（＝F6^2＋G6^2＋H6^2）

主成分得点の分散
（＝VARP(D2：D21)）

変量の分散の和
（＝SUM(A23：C23)）

変数の分散（A列に
＝VARP(A2：A21)
を入力してB・C列に
コピー）

寄与率
（＝D22/D23）

②メニューから［データ］→［ソルバー］を選択してください。

ソルバーを使って主成分の分散を最大化する係数を計算します。必要事項を入力して，［解決］ボタンを押してください。

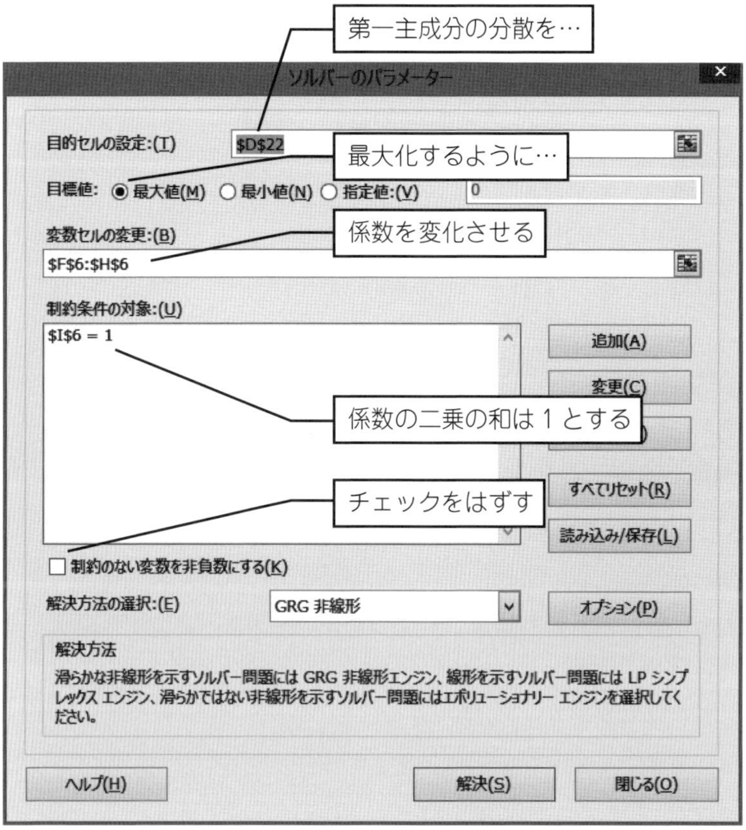

③第一主成分を求めることができました。

	A	B	C	D	E	F	G	H	I	J
1	米俵運び	早駆け	川下り	第一主成分得点						
2	55.6	50.5	87.3	111.8268						
3	80.4	85.1	87.5	146.1403						
4	55.1	66.2	70.7	111.0954		主成分負荷量(第一主成分)				
5	100.6	50.3	120.3	156.0157		a	b	c		
6	86.2	60.6	64.5	121.4147		0.55495	0.59057	0.58589	1	
7	135.3	90.3	140.6	210.7886						
8	45.6	62.8	57.3	95.9646						
9	140.5	60.1	74.7	157.2293						
10	50.8	50.4	59.5	92.81628						
11	120.1	100.6	132.7	203.8077						
12	135.5	132.3	136.3	233.184						
13	130.1	120.6	142.7	227.0274						
14	45.8	80.5	72.9	115.6684						
15	123.8	151.5	146.5	244.006						
16	120.6	160.3	143.4	245.6109						
17	72.3	68.3	108.9	144.2617						
18	45.7	79.2	80.5	119.298						
19	120.3	32.2	132.2	163.2311						
20	46.9	40.1	65.7	88.20166						
21	55.1	137.8	143	195.7396						
22				2703.144		←主成分得点の分散				
23	1278	1371.3	1094.3	3743.62		←各変量の分散の和				
24										
25				0.722067		←寄与率				
26						←累積寄与率				
27										

係数が見つかった

各データの主成分得点

第一主成分の寄与率

④次に，第二主成分を求めるために計算式を入力します。

主成分得点（最初の行に
＝F13*A2＋G13*B2＋H13*C2
を入力して 3~21 行にコピー）

第一主成分・第二主成分
（＝F6*F13＋G6*G13＋H6*H13）

	A	B	C	D	E	F	G	H	I	J
1	米俵運び	早駆け	川下り	第一主成分得点	第二主成分得点					
2	55.6	50.5	87.3	111.8267887	193.4					
3	80.4	85.1	87.5	146.1402757	253					
4	55.1	66.2	70.7	111.0954428	192	主成分負荷量(第一主成分)				
5	100.6	50.3	120.3	156.0157265	271.2	a	b	c		
6	86.2	60.6	64.5	121.4147092	211.3	0.55495	0.59057	0.58589	1	
7	135.3	90.3	140.6	210.788621	366.2					
8	45.6	62.8	57.3	95.96459639	165.7	第一主成分・第二主成分				
9	140.5	60.1	74.7	157.2292595	275.3	1.731403				
10	50.8	50.4	59.5	92.81628124	160.7					
11	120.1	100.6	132.7	203.8076888	353.4	主成分負荷量(第二主成分)				
12	135.5	132.3	136.3	233.1840287	404.1	a	b	c		
13	130.1	120.6	142.7	227.0273719	393.4	1	1	1	3	
14	45.8	80.5	72.9	115.6684457	199.2					
15	123.8	151.5	146.5	244.0060271	421.8					
16	120.6	160.3	143.4	245.6109078	424.3					
17	72.3	68.3	108.9	144.2616951	249.5					
18	45.7	79.2	80.5	119.2979663	205.4					
19	120.3	32.2	132.2	163.2310773	284.7					
20	46.9	40.1	65.7	88.20166272	152.7					
21	55.1	137.8	143	195.7396256	335.9					
22				2703.14382	8104.8194	←主成分得点の分散				
23	1278	1371.3	1094.3	3743.61995	3743.61995	←各変量の分散の和				
24										
25				0.722066838	2.164968535	←寄与率				
26					2.887035373	←累積寄与率				
27										

係数の二乗の和
（＝F13^2＋G13^2＋H13^2）

初期値を 1 として
入力しておく

主成分得点の分散
（＝VARP(E2：E21)）

変量の分散の和
（＝SUM(A23：C23)）

累積寄与率
（＝D25＋E25）

寄与率
（＝E22/E23）

⑤［データ］→［ソルバー］を選択します。

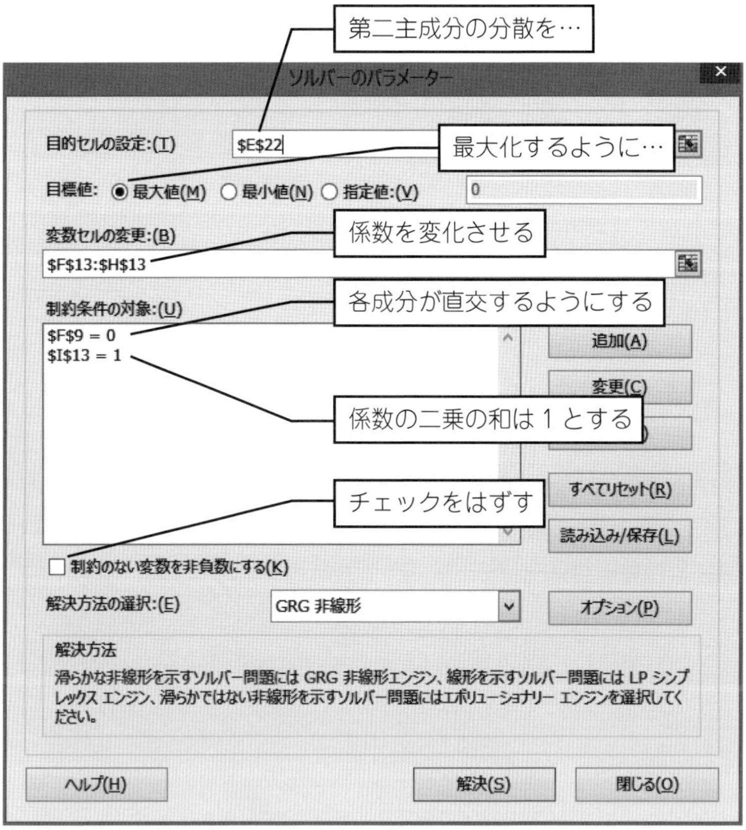

⑥第二主成分を求めることができました。

	A	B	C	D	E	F	G	H	I	J	K
1	米俵運び	早駆け	川下り	第一主成分得点	第二主成分得点						
2	55.6	50.5	87.3	111.8267887	7.056797187						
3	80.4	85.1	87.5	146.1402757	0.411747059						
4	55.1	66.2	70.7	111.0954428	−4.88503997	主成分負荷量（第一主成分）					
5	100.6	50.3	120.3	156.0157265	40.32570147	a	b	c			
6	86.2	60.6	64.5	121.4147092	20.95726613	0.55495	0.59057	0.58589	1		
7	135.3	90.3	140.6	210.788621	37.61362739						
8	45.6	62.8	57.3	95.96459639	−9.71018496	第一主成分･第二主成分					
9	140.5	60.1	74.7	157.2292595	60.27773202	−1.3E−11					
10	50.8	50.4	59.5	92.81628124	2.768979562						
11	120.1	100.6	132.7	203.8076888	19.30239116	主成分負荷量（第二主成分）					
12	135.5	132.3	136.3	233.1840287	8.122656211	a	b	c			
13	130.1	120.6	142.7	227.0273719	12.7132686	0.711292	−0.7021	0.03395	1		
14	45.8	80.5	72.9	115.6684457	−21.465064						
15	123.8	151.5	146.5	244.0060271	−13.3330412						
16	120.6	160.3	143.4	245.6109078	−21.8927003						
17	72.3	68.3	108.9	144.2616951	7.171724496						
18	45.7	79.2	80.5	119.2979663	−20.3654685						
19	120.3	32.2	132.2	163.2310773	67.44975407						
20	46.9	40.1	65.7	88.20166272	7.436831107						
21	55.1	137.8	143	195.7396256	−52.6991406						
22				2703.14382	788.5629784	←主成分得点の分散					
23	1278	1371.3	1094.3	3743.61995	3743.61995	←各変量の分散の和					
24											
25				0.722066838	0.210641836	←寄与率					
26					0.932708674	←累積寄与率					
27											

係数が見つかった

各データの主成分得点

第二主成分の寄与率

第二主成分までの累積寄与率

Question

ほかにも主成分分析をする方法があるようだが…

Answer

行列計算で求める方法がありますよ。

少しだけ数学の話になりますが，行列を使って計算する手順の概要を紹介しておきましょう。

①まず，分散共分散行列と呼ばれる行列を求めます。

$$\begin{pmatrix} s_{11} & s_{12} & s_{13} \\ s_{21} & s_{22} & s_{23} \\ s_{31} & s_{32} & s_{33} \end{pmatrix}$$

s_{ij} は共分散と呼ばれる値で，次のように計算します。各個体のデータ項目について，平均からの差を掛け合わせたものの和をデータ個数で割ったものです。たとえば，s_{12} はデータ項目 x_1 とデータ項目 x_2 の共分散をあらわします。

$$s_{ij} = \frac{1}{n}\sum_{k=1}^{n}(x_{ik} - \bar{x}_i)(x_{jk} - \bar{x}_j)$$

（n の代わりに $n-1$ を使用する場合もある）

共分散 s は $i=j$ のとき「分散」と同じ式になります。つまり，分散は共分散の特殊な場合となっているのです。
分散共分散行列は，共分散からなる縦横の成分の数が等しい行列です。斜めの成分が分散となっています。

②この行列の「固有値」・「固有ベクトル」と呼ばれる大きさ・向きを求めます。

固有値

固有ベクトル
（変換後も変わらない）

$$\begin{pmatrix} s_{11} & s_{12} & s_{13} \\ s_{21} & s_{22} & s_{23} \\ s_{31} & s_{32} & s_{33} \end{pmatrix} \begin{pmatrix} a \\ b \\ c \end{pmatrix} = \lambda \begin{pmatrix} a \\ b \\ c \end{pmatrix}$$

これは固有値問題と呼ばれており，固有方程式という方程式を解くことで求められます。方程式の解き方はここでは省略しますが，「固有値」・「固有ベクトル」の組み合わせは，列（行）の数だけ存在しています。

③つまり，固有値・固有ベクトルの組み合わせは最大でデータ項目数（列または行の数）だけあることになります。固有値の大きい順に，この組み合わせが第一主成分・第二主成分…となります。
通常，データ項目数よりも少ない成分で元のデータをあらわしますから，主成分によってデータを要約することができるのです。

Question

行列の計算とは…。固有値とはどんなものであろうか？

Answer

難しそうな言葉ですよね。ですが，行列に関する用語を覚えておくと便利ですよ。

行列とは，ある大きさをもった向き（ベクトル）に対する変換をあらわします。このとき，変換しても変換の前後で向きだけは変わらないベクトルがあり，これを「固有ベクトル」と呼んでいます。「固有値」は固有ベクトルが変換される大きさをあらわしています。

変換元のベクトル

変換をあらわす行列

固有値
(変換される大きさ)

固有ベクトル
(変換後も変わらない)

$$\begin{pmatrix} s_{11} & s_{12} & s_{13} \\ s_{21} & s_{22} & s_{23} \\ s_{31} & s_{32} & s_{33} \end{pmatrix} \begin{pmatrix} a \\ b \\ c \end{pmatrix} = \lambda \begin{pmatrix} a \\ b \\ c \end{pmatrix}$$

主成分分析では，固有値が各主成分得点の分散に対応し，固有ベクトルが主成分の軸の向きをあらわすのですよ。

Question

どうして主成分の分散を最大にすることが行列の固有値を求めることになるのでしょう？

Answer

２つはどちらも同じ問題であることが知られているのです。

主成分分析では，「主成分負荷量の二乗の和＝1」という制約のもとで主成分得点の分散を最大化しています。これは次のような問題となっています。

・最大化する式：

$$z_1 \text{の分散} = \frac{\sum (z_1 - \bar{z}_1)^2}{n} = \frac{\sum ((ax_1 + bx_2 + cx_3) - (a\bar{x}_1 + b\bar{x}_2 + c\bar{x}_3))^2}{n}$$

$$= \frac{\sum (a(x_1 - \bar{x}_1) + b(x_2 - \bar{x}_2) + c(x_3 - \bar{x}_3))^2}{n}$$

$$= \frac{\sum \left(\begin{array}{c} a^2(x_1 - \bar{x}_1)^2 + b^2(x_2 - \bar{x}_2)^2 + c^2(x_3 - \bar{x}_3)^2 + \\ 2ab(x_1 - \bar{x}_1)(x_2 - \bar{x}_2) + 2bc(x_2 - \bar{x}_2)(x_3 - \bar{x}_3) + 2ca(x_3 - \bar{x}_3)(x_1 - \bar{x}_1) \end{array} \right)}{n}$$

$$= a^2 s_{11} + b^2 s_{22} + c^2 s_{33} + 2ab s_{12} + 2bc s_{23} + 2ca s_{31}$$

・制約条件：

$$a^2 + b^2 + c^2 = 1$$

このような制約付きの最大化問題は，一般的に「ラグランジュの未定乗数法」と呼ばれる手法で求めることができます。これは，上記の問題を次のような関数 F を最大化する問題と考えて計算する手法です。

・最大化する式：

$$F(a,b,c,\lambda) = a^2 s_{11} + b^2 s_{22} + c^2 s_{33} + 2ab s_{12} + 2bc s_{23} + 2ca s_{31} - \lambda\,(a^2 + b^2 + c^2 - 1)$$

・最大化条件：

$$\frac{\partial F}{\partial a} = 2a s_{11} + 2b s_{12} + 2c s_{13} - 2a\lambda = 0$$

$$\frac{\partial F}{\partial b} = 2a s_{21} + 2b s_{22} + 2c s_{23} - 2b\lambda = 0$$

$$\frac{\partial F}{\partial c} = 2a s_{31} + 2b s_{32} + 2c s_{33} - 2c\lambda = 0$$

$$\frac{\partial F}{\partial \lambda} = -\lambda(a^2+b^2+c^2-1)$$

この最大化条件から，分散を最大化するためには次の連立方程式を解けばよいことが導き出されます。

$$as_{11}+bs_{12}+cs_{13}=a\lambda$$
$$as_{21}+bs_{22}+cs_{23}=b\lambda$$
$$as_{31}+bs_{32}+cs_{33}=c\lambda$$

この式を行列であらわすと，次のようになっています。これは，分散共分散行列の固有値・固有ベクトルを求める問題と同じとなっているのです。

$$\begin{pmatrix} s_{11} & s_{12} & s_{13} \\ s_{21} & s_{22} & s_{23} \\ s_{31} & s_{32} & s_{33} \end{pmatrix} \begin{pmatrix} a \\ b \\ c \end{pmatrix} = \lambda \begin{pmatrix} a \\ b \\ c \end{pmatrix}$$

……ちょっと数学の話が続いてしまいましたね。ですが，計算は統計パッケージで行いますので安心してください。ただし，統計パッケージを使う際にこれらの用語が登場する場合もあるので，概要や用語に慣れておくとよいですね。

Question

主成分分析ではほかに気を付けることがあるだろうか？

Answer

データの単位などに気を付けて標準化を行う場合がありますよ。

主成分分析では，データの単位が異なる場合や，データのばらつきが大きく異なる場合には，各データ項目を同じように評価するために，標準化（規格化）という処理を行ったほうがよい場合があります。これは，データとして得られた数値を次のように変換するものです。

$$\frac{\text{データの値}-\text{データ項目ごとの平均}}{\text{データ項目ごとの標準偏差}}$$

標準化

この処理によって，どのデータ項目についても平均が 0，標準偏差が 1 となります。データをこの値に変換してから主成分分析を行うのです。

なお，このようにして標準化を行った場合，主成分分析は，相関行列と呼ばれる行列の固有値・固有ベクトルを求める問題と同じとなります。相関行列は，相関係数からなる縦横の成分の数が等しい行列で，斜めの成分は 1 となっています。

相関行列

$$\begin{pmatrix} 1 & r_{12} & r_{13} \\ r_{21} & 1 & r_{23} \\ r_{31} & s_{32} & 1 \end{pmatrix}\begin{pmatrix} a \\ b \\ c \end{pmatrix} = \lambda\begin{pmatrix} a \\ b \\ c \end{pmatrix}$$

Chap. 4

因子分析

「因子分析」は，データの裏に隠された要因を見つけ出すデータ解析法です。因子分析では，観察されない隠された要因によって，調査したデータが影響を受けていると考えます。特にデータとして直接観察することが難しい心理や行動要因を探る場合に，因子分析の手法は重要です。さっそく因子分析の手法をみていきましょう。

賢兼寺
おや
いかがなされました
姫様
若様と虎丸様は
ご一緒では？
今日は　その…
１人で先に
参りましたの
一応反省を
しておりまして…
？
私…日頃いろいろ
粗相ばかりしているの
ですが…
ご勉学熱心なのは
よろしいことですよ
さ、どうぞ

吉秀様のためにと思って
手料理も習いましたし
先日はこっそり
主成分分析の勉強まで
してしまいました
涙ぐましい…いえ
素晴らしいご努力
ですね
ですが　吉秀様には
なかなか努力も
通じないのです
…どうやら
そのご様子で
――それでは
本日は姫様のために
とっておきの
データ解析法を
お教えいたしましょう
とっておき…何か
よい手法があるのでしょうか
はい
本日のお題は
「因子分析（いんしぶんせき）」でございます
因子分析

因子分析とは
データの裏に
隠されている因子…
つまり　データに
影響を与える要因を
考えるものでございます
隠された因子…？
それはどのようなもの
なのでしょうか
たとえばですが
姫様…
す…
こちらを
ご覧ください
これは…？
人間の心理を
探るために行われる
アンケート調査で
ございます
質問1
5 4 3 2 1
結婚相手に求めるものに
ついてアンケート調査を行い
その結果から　みえない心理を
探る…
こうしたものが
因子分析です
みえない心理
を…？
いかがでございますか？
姫様にぴったりでは
ございませんか？
ぜひ知りたいですわっ
お願いします!!

因子分析はこのような
パス図によって分析されます
楕円であらわした「共通因子」
が隠された因子です
独自因子
データ項目
共通因子
いくつかのデータに影響を
与えているという意味で
「共通因子」と呼ばれます
みえない心理が
調査データに影響を
与えているのですね
アンケートデータ
そうです　もしアンケートに回答した
方々に「結婚とは何かを共有することだ」
という心理…「共有感」のような心が
隠されていたとしましょう
その心理がアンケート中の
「一緒に食事をしたい」などの
回答データに反映されている
と考えるのですよ
これが
「共通因子」です
なるほど　それは
納得できますね
ところで「独自因子」
とは何ですか？
共通因子では説明できない
それぞれのデータに特有の要因
と考えられる因子ですよ

そうですわね…
ただ食事時間を
節約したいという心理
かもしれませんし…
アンケートデータ
たとえば
「一緒に食事をしたい」と
いう結果も
「共有感を求める」という
共通因子以外によって
説明されるのかも
しれませんよね
共通因子によって
説明できない部分は
それぞれのデータ項目に
特有の因子によるものと
考えます
独自因子
データ項目
共通因子
これを「独自因子」と
呼んでいるのです
共通因子は
「隠れた要因」という意味で
「潜在変数」と呼ばれることも
あるのですよ
せんざいへんすう
独自因子は　共通因子で
説明できない「誤差」
とも考えられます
誤差
目的変数
誤差
目的変数
誤差
目的変数
潜在変数
潜在変数

共通因子がどの程度まで
データを説明するかは
相関関係
データ項目
データ項目
潜在変数
データ項目間に
どのような相関関係があるかに
よって決まることになります
たとえば
「一緒に食事をしたい」
という項目と
「一緒の趣味を持ちたい」
という項目は　関係が
あるような気がしますよね
そうですね
「自分を尊敬してほしい」
だったら　あまり関係が
ないかしら…
これらのデータを
実際に調査して
相関の強さを調べ
潜在的な因子がどのように
影響を与えているのか
分析を行うのです
相関が
強ければ…
食事データ
趣味データ
共有感
同じ因子に
影響を受けている

アンケート項目

さて　このアンケートを
もう少しよくみてください
5段階で回答
してもらいます

アンケート調査

質問1　一緒に食事をしたいと思う

5	4	3	2	1
まったくそう思う	ややそう思う	どちらともいえない	ややそう思わない	まったくそう思わない

質問2　一緒の趣味を持ちたいと思う
5　4　3　2　1

質問3　自由に遊ばせてほしいと思う
5　4　3　2　1

質問4　健康を管理してほしいと思う
5　4　3　2　1

質問5　家計を管理してほしいと思う
5　4　3　2　1

とても興味深い
アンケートですわ！
ではここに私の
質問項目も
付け加えて…
こんな質問はどうかしら❤
さらさら
結婚相手は照姫が一番だと思う
1　2　3　4　5
吉秀様にも
お伺いしたいと!!
だっ
姫様!!
お待ちくださいっ

アンケートを作るときには
いろいろ注意しなければ
ならない点がありますよ

アンケート作成のための注意

注意点	不適切な質問の例
曖昧すぎないようにする	結婚相手とともに何かをしたいと思う
具体的すぎないようにする	結婚相手は照姫が一番だと思う
1つの項目に1つの質問とする	一緒に食事をし，一緒の趣味を持ってほしいと思う
回答を誘導しない	結婚相手とは常に一緒に食事をするべきだと一般的にいわれています。あなたは一緒に食事をしてほしいと思いますか？

わかりました
質問の仕方に気を
付けるのですね
残念だわ…

皆様　ようやく
そろわれたようですね
ふにゃー…!
おや？
道端で猫を
拾ってきたら　遅く
なってしまったのだ
ふにゃ～
照姫様！
おお
来てたのか
お猫様の食事
でしたら十分に
ございますので
じーちゃんの昔話を
聞いてたらつい…
さすがは若様
お心が深いっ
さて　本日は
因子分析です
姫様にお手伝い
いただこうと思います
照姫が!?
がんばり
ますわっ!!

アンケートデータ

アンケート調査の
回答データが
集まりました

番号	質問 1	質問 2	質問 3	質問 4	質問 5
1	5	5	4	3	2
2	4	5	4	3	1
3	5	4	3	4	2
4	3	2	3	5	5
5	3	2	4	3	1
6	4	4	4	5	2
7	5	5	3	4	1
8	3	3	5	4	4
9	4	3	4	5	2
10	5	4	5	5	3
11	5	5	3	5	2
12	4	4	5	3	3
13	3	2	5	5	5
14	5	4	4	3	2
15	5	4	3	3	3
16	4	5	4	3	3
17	3	4	5	4	2
18	4	4	4	4	3
19	4	4	3	3	2
20	4	5	3	3	3

結婚に関する
アンケート!?
なんだか意味深な
データだな
…ですね
そんなこと
ありませんわ！

…きっと吉秀様の
深層心理を
見つけますわ!!
ざわ。。
…妖気!?

因子分析ではデータをこのような式に当てはめていきます
アンケート調査などで得たデータを説明する因子を考えようというわけです
データ項目
$x_1 = a_{11}f_{11} + a_{21}f_{21} + \cdots + a_{k1}f_{k1} + e_1$
$x_2 = a_{12}f_{12} + a_{22}f_{22} + \cdots + a_{k2}f_{k2} + e_2$
$\cdots$
$x_n = a_{1n}f_{1n} + a_{2n}f_{2n} + \cdots + a_{kn}f_{kn} + e_n$
因子
因子
因子
因子分析は主成分分析と比べられることがあるそうです
しかし　どこかでみたような式ですが…
x_1 が 1 つ目の質問データ項目となるわけですね
はて?
主成分分析
合成変数
合成変数
合成変数
$z_1 = \beta_{11}x_{11} + \beta_{21}x_{21} + \cdots + \beta_{k1}x_{k1}$
$z_2 = \beta_{12}x_{12} + \beta_{22}x_{22} + \cdots + \beta_{k2}x_{k2}$
$\cdots$
$z_n = \beta_{1n}x_{1n} + \beta_{2n}x_{2n} + \cdots + \beta_{kn}x_{kn}$
データ項目
データ項目
データ項目
因子分析
データ項目
データ項目
データ項目
$x_1 = a_{11}f_{11} + a_{21}f_{21} + \cdots + a_{k1}f_{k1} + e_1$
$x_2 = a_{12}f_{12} + a_{22}f_{22} + \cdots + a_{k2}f_{k2} + e_2$
$\cdots$
$x_n = a_{1n}f_{1n} + a_{2n}f_{2n} + \cdots + a_{kn}f_{kn} + e_n$
因子
因子
因子
主成分分析をこのような式として考えてみますと…
確かに似ておるな

しかし　式をみてもわかるように　データの扱われ方が因子分析と主成分分析では反対になっています
つまり　こんなパス図になっているわけですね

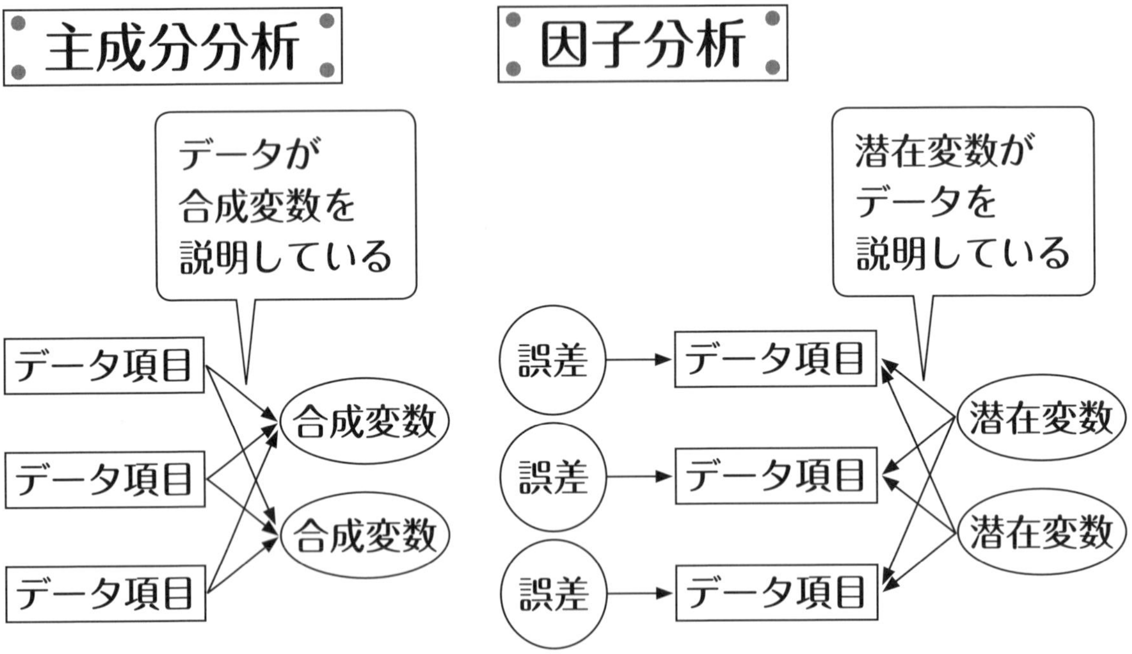
主成分分析
データが合成変数を説明している
データ項目
データ項目
データ項目
合成変数
合成変数
因子分析
潜在変数がデータを説明している
誤差
誤差
誤差
データ項目
データ項目
データ項目
潜在変数
潜在変数

データを説明する向きが逆になっていますね

それと　主成分分析は誤差を考えていませんが
因子分析は誤差があることが前提となっています
誤差
誤差

さて　因子分析の結果は
通常　電脳を使って求めます

因子分析には
求め方がいろいろ
ありますが
まずは基本的な事項を
ご紹介しましょう

求めた式の係数 α を
「因子負荷量（いんしふかりょう）」といいます

「因子負荷量」は各因子が
データに与える影響を
あらわしています

$$x_1 = \alpha_{11} f_{11} + \alpha_{21} f_{21} + e_1$$
$$x_2 = \alpha_{12} f_{12} + \alpha_{22} f_{22} + e_2$$
$$\cdots$$
$$x_5 = \alpha_{15} f_{15} + \alpha_{25} f_{25} + e_5$$

因子負荷量

→

質問 1
$$x_1 = 0.997 f_{11} + 0.007 f_{21} + e_1$$
質問 2
$$x_2 = 0.672 f_{12} - 0.440 f_{22} + e_2$$
質問 3
$$x_3 = -0.408 f_{13} + 0.084 f_{23} + e_3$$
質問 4
$$x_4 = -0.134 f_{14} + 0.634 f_{24} + e_4$$
質問 5
$$x_5 = -0.418 f_{15} + 0.470 f_{25} + e_5$$

（最尤法（さいゆうほう）・回転なし）

結婚意識調査の場合
「一緒に食事をしたい」に対する
1 番目の共通因子の因子負荷量は
0.997 と
いうことですね

はい　これはつまり
1 番目の共通因子（f_{11}）が
「一緒に食事をしたい」（x_1）に
与える影響の大きさとなりますね
ほかの質問項目より
大きくなっていますね

ふうむ　１番目の因子が「一緒に食事をしたい」という項目に大きく影響を与えているのか…
第一因子
この因子はほかに「一緒の趣味を持ちたい」という項目にも影響を与えています
第一因子
そこでこの因子は…
第一因子
「共有感」を求める心理ではないかと考えられるのですよ
共有感
因子にも　主成分と同様　名前を付けるわけですか
ええ

同じように
第二因子はどう
考えられるでしょうか
ええと　第二因子が
大きく影響を与えて
いるのは
「健康を管理してほしい」や
「家計を管理してほしい」
ですから…
健康
「信頼感」というのは
どうだ？
信頼感
なかなか
慣れてきましたね
因子分析は
どのような因子が
どのデータに影響を
与えているのか
この影響の大きさを
みていくわけですね

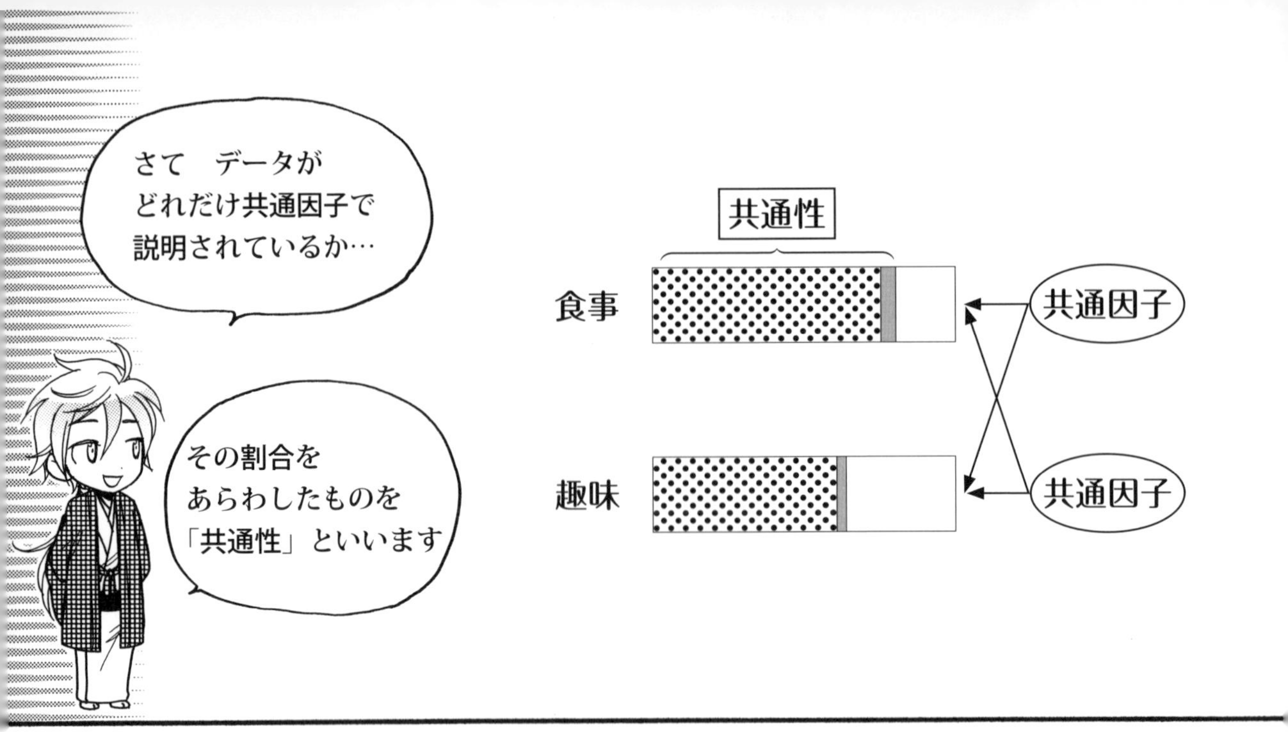
さて　データが
どれだけ共通因子で
説明されているか…
その割合を
あらわしたものを
「共通性」といいます
共通性
食事
趣味
共通因子
共通因子

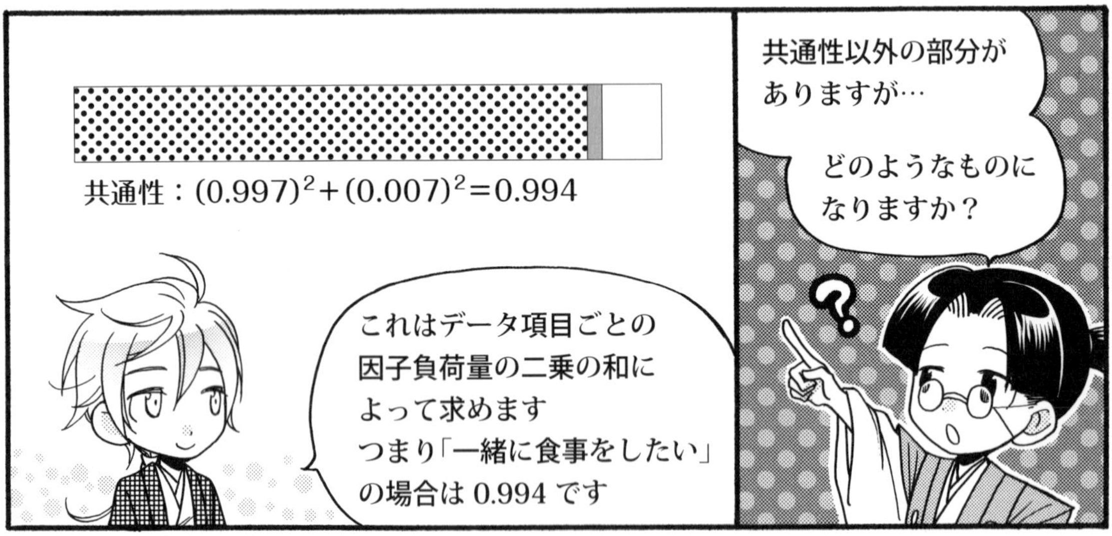
共通性：$(0.997)^2+(0.007)^2=0.994$
これはデータ項目ごとの
因子負荷量の二乗の和に
よって求めます
つまり「一緒に食事をしたい」
の場合は 0.994 です
共通性以外の部分が
ありますが…
どのようなものに
なりますか？

独自性
残りの部分を「独自性」と
いいます
独自因子によって
説明される部分です
誤差の分散を
あらわすそうです
誤差

今度は１つの因子が各データを説明する部分を足し合わせてみましょう
つまり今度は因子ごとに因子負荷量の二乗を足し合わせるわけです
これは「因子寄与」と呼ばれ数学的にはその因子の「固有値」というものに対応します
因子寄与（因子の固有値）
共通因子
…
(0.997)2+(0.672)2+(−0.408)2+(−0.134)2+(−0.418)2=1.805
さて　ある共通因子でどれだけデータを説明できるかを「寄与率」というものであらわします
因子分析の寄与率は「因子寄与÷項目数」です
寄与率
寄与率＝因子寄与÷項目数
＝1.805÷5
＝0.361
1に近いほどデータをよく説明できていることになります
ここでは第一因子で36％くらい説明できていますね

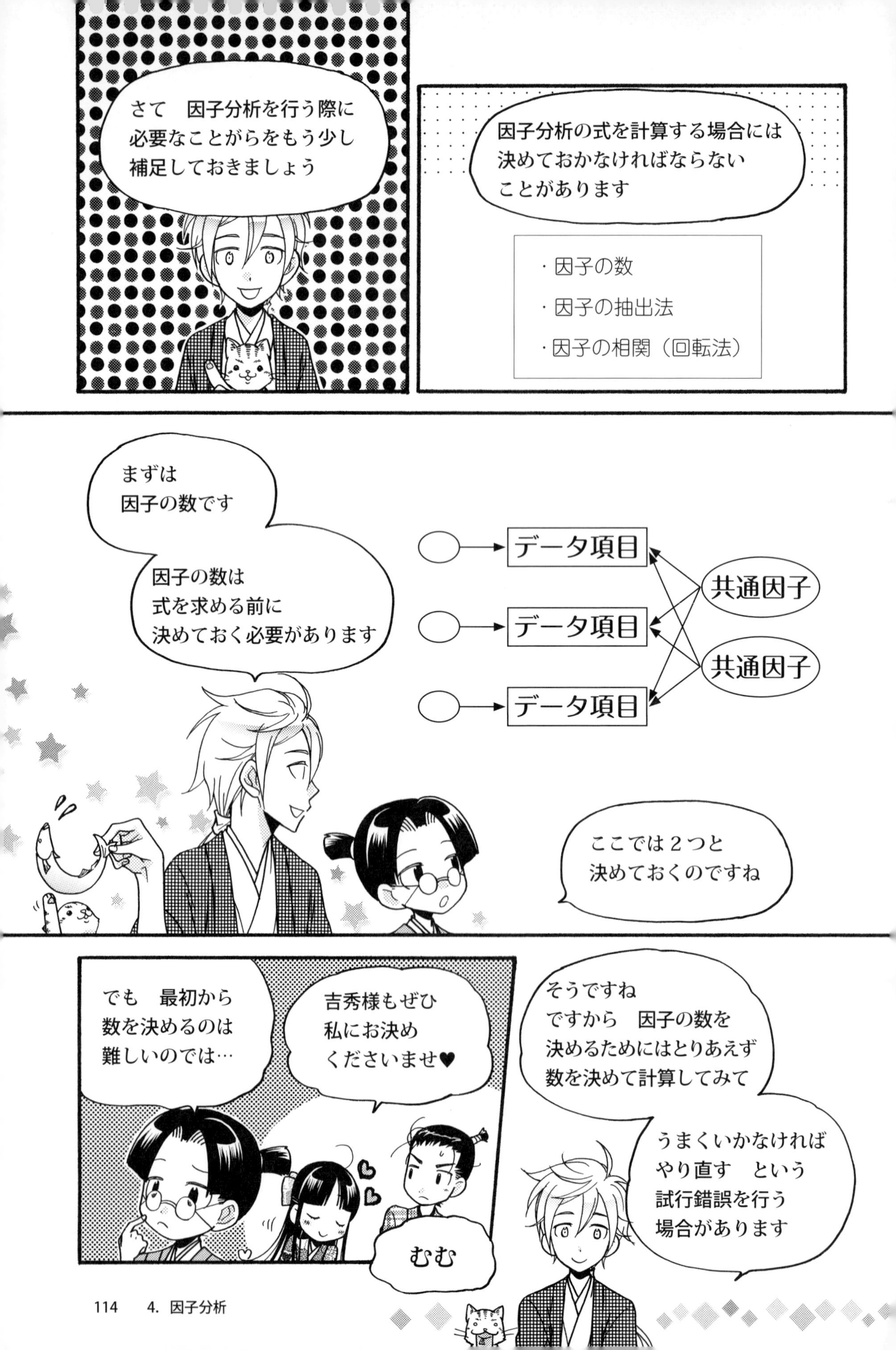

さて　因子分析を行う際に必要なことがらをもう少し補足しておきましょう
因子分析の式を計算する場合には決めておかなければならないことがあります
・因子の数
・因子の抽出法
・因子の相関（回転法）
まずは因子の数です
因子の数は式を求める前に決めておく必要があります
データ項目
データ項目
データ項目
共通因子
共通因子
ここでは２つと決めておくのですね
でも　最初から数を決めるのは難しいのでは…
吉秀様もぜひ私にお決めくださいませ♥
むむ
そうですね　ですから　因子の数を決めるためにはとりあえず数を決めて計算してみて
うまくいかなければやり直す　という試行錯誤を行う場合があります

それぞれの共通因子の因子寄与
すなわち固有値に着目して
因子を採用するかどうか
決めることが多いようです
固有値が１以上の
因子を採用したり…
共通因子
固有値
この因子は
採用ですね
共有感
固有値＝1.805
スクリー基準
固有値
1
0
因子
採用
あるいは　固有値の値を
順にプロットして
急に低くなるところまでの
因子を採用する　という
方法などがあります
これは
「スクリー基準」と
呼ばれるそうです
いずれも　因子が
どれだけデータを説明
できるのかによって
分析に入れるかどうかを
決めているわけです
いろいろ試す必要が
あるのだな
わしもよく考えねば…
考える必要ありませんわっ

次に
「因子の抽出法」
これは　因子分析の式の
解き方を意味します

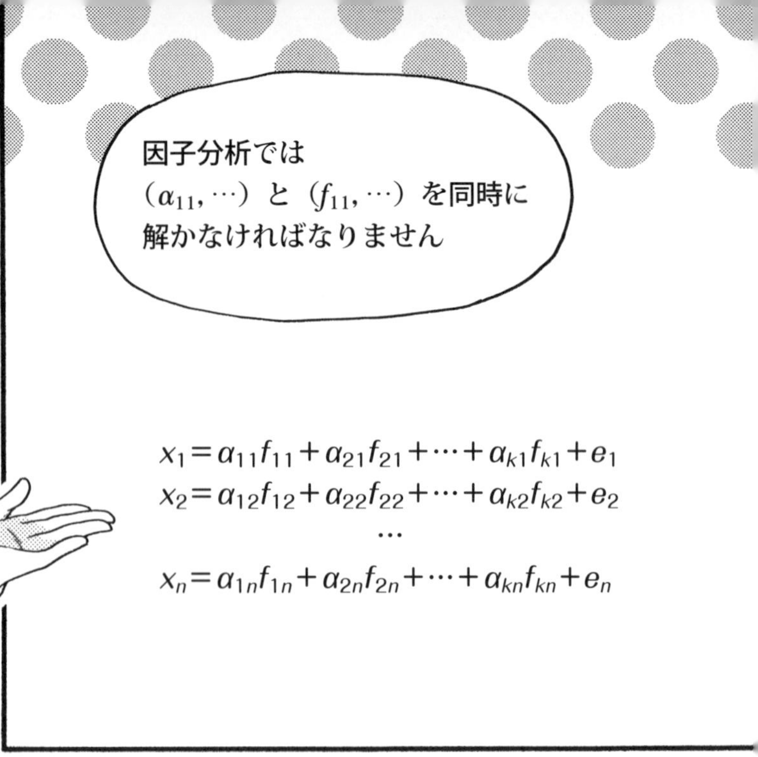
因子分析では
$(\alpha_{11},\cdots)$ と $(f_{11},\cdots)$ を同時に
解かなければなりません

$$x_1=\alpha_{11}f_{11}+\alpha_{21}f_{21}+\cdots+\alpha_{k1}f_{k1}+e_1$$
$$x_2=\alpha_{12}f_{12}+\alpha_{22}f_{22}+\cdots+\alpha_{k2}f_{k2}+e_2$$
$$\cdots$$
$$x_n=\alpha_{1n}f_{1n}+\alpha_{2n}f_{2n}+\cdots+\alpha_{kn}f_{kn}+e_n$$

求めなければならない
値が多いので
これらの推定方法が
使われています
電脳を使わない時代は
主因子法がよく使われて
いましたが　電脳計算では
最尤法(さいゆうほう)がよく使われます

因子の抽出法

主因子法	共通性を仮定した上で寄与率の高い順に因子を求める
最小二乗法	データと式との距離の二乗を最小にする
最尤法	データを実現する確率が最も高い式を見つける

また　式を解く際
因子同士に相関が
あるかどうかを仮定して
おきます
因子同士の相関
直交　共通因子同士に相関がない
斜交　共通因子同士に相関がある
相関か…
この部分に
相関があるかどうかと
いうことですね
共通因子
共通因子
相関
相関とは　たとえば
第一因子の「共有感」と
第二因子の「信頼感」の
関係の強さを意味します
共有感
信頼感
相関
2つの因子の間に
相関がないのが直交
相関があるのが斜交に
なりますか
直交
斜交

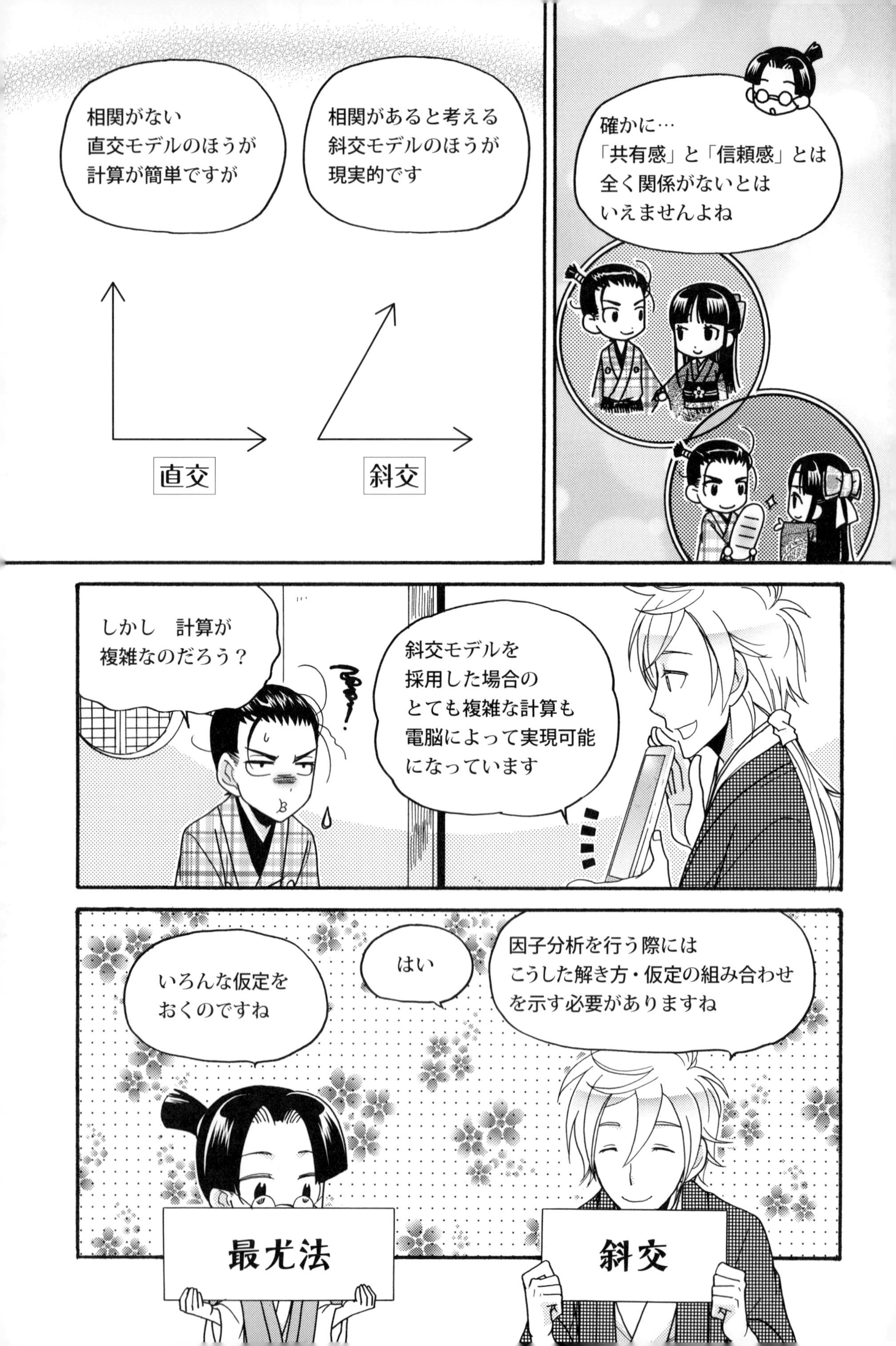
相関がない
直交モデルのほうが
計算が簡単ですが
相関があると考える
斜交モデルのほうが
現実的です
直交
斜交
確かに…
「共有感」と「信頼感」とは
全く関係がないとは
いえませんよね
しかし　計算が
複雑なのだろう？
斜交モデルを
採用した場合の
とても複雑な計算も
電脳によって実現可能
になっています
いろんな仮定を
おくのですね
はい
因子分析を行う際には
こうした解き方・仮定の組み合わせ
を示す必要がありますね
最尤法
斜交

因子同士に どのような相関が あるかという仮定は 因子の意味を考える際にも 必要となります
回転法
直交　バリマックス回転　コーティマックス回転　など
斜交　プロマックス回転　直接オブリミン回転　など
このとき行われる 作業が「回転」です
回転？
くるくる
はい 計算した因子負荷量を 座標にプロットしたとき このようになったと しましょう
回転前の 第二因子負荷量
回転前の 第一因子負荷量
0
このとき　特定のデータ項目に ついて　因子負荷量が大きくなる ように　軸を考えます
回転前の 第二因子負荷量
因子負荷量が大きく なるようにする
回転前の 第一因子負荷量
0
そしてこの軸を回転させた 値として　因子負荷量を 求めるのです
第二因子 負荷量
第一因子負荷量
0

回転とは
特定のデータ項目について
因子負荷量が大きくなるように
する作業なのですよ
なるほど…たとえば
「一緒に食事をしたい」と
いう項目に最も影響を
与えるように　因子負荷量を
考えておくわけですか…
確かに因子負荷量が大きいと
そのような因子がどんなもので
あるかが　わかりやすく
なりますね
信頼感
共有感
0
ふむ
わかりやすい
ほうがよいな
そうですっ　ですから
幼馴染でわかりやすい私が
吉秀様にはふさわしいのです!!
あの嫁候補たちよりもっ!!
おやおや

さて最後に…
ここでご紹介した因子分析では
因子の数や因子の意味を
考えながら分析を行いました
?
?
データ項目
データ項目
データ項目
このようにして
因子を求める分析を
「探索的因子分析」と
いいます
これに対して
「検証的因子分析」
というものがあります
探索的因子分析
検証的因子分析
これは　はじめに因子の数や
関係について仮説を立てておき
検証・確認する方法です
第一因子
第二因子
データ項目
データ項目
データ項目
探索的因子分析のほうが
古くからある手法ですが
最近は検証的因子分析も
電脳を使ってよく行われる
ようになっているのですよ

それでは姫様
そろそろ　本日の結論を
お願いいたします
はい
では…
結婚に求めることに
ついてデータを
分析したところ…
それは「共有感」と
「信頼感」であると
考えられました
吉秀様にとっての
共有と信頼…
それは長年
おそばにおります
この照姫…
私しかいないと
考えられるのですわ!!
ひしっ

ね？
うーん…
みえない心理かあ
そんなもの
あるのかなあ
それが結論!?
共有と信頼なら
私にもおまかせを！
若様
若様と姫様は
よくお似合いですよ
素晴らしい絆で
結ばれてございます
ん──
共有と信頼かぁ
確かに今さら
照姫以外も
難しい　か…
しかしこれは
とんでもない猫を
拾うことになりそうだの─…
ポロポロ
さすが若様
私もおります…

まとめ

因子分析は，隠された要因である共通因子について導き出すことができます。共通因子は，データとして観察されることはありませんが，各データ項目に影響を与えている要因と考えることができます。心理や行動要因を探る場合に特に威力を発揮するでしょう。

Q&A

Question

因子分析とは，つまりどのような解析なのでしょうか？

Answer

因子分析では，データから次のような式を求めることで解析を行います。

データ項目 → $x_1 = a_{11}f_{11} + a_{21}f_{21} + \cdots + a_{k1}f_{k1} + e_1$

データ項目 → $x_2 = a_{12}f_{12} + a_{22}f_{22} + \cdots + a_{k2}f_{k2} + e_2$

$\cdots$

データ項目 → $x_n = a_{1n}f_{1n} + a_{2n}f_{2n} + \cdots + a_{kn}f_{kn} + e_n$

（$a_{1n}f_{1n}$：因子，$a_{2n}f_{2n}$：因子，$a_{kn}f_{kn}$：因子）

（データ項目数は n 個，因子数は k 個）

因子分析では，調査したデータ項目を説明するような因子（共通因子）を考えます。因子は直接調査することができない隠された要因です。図にあらわすと，次のようになります。

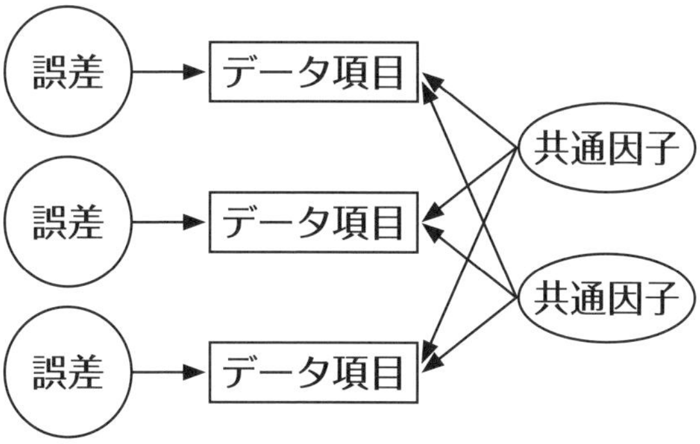

Question

因子分析の用語を教えてほしい。

Answer

因子分析にもいろいろな用語がありますね。表に整理しておきましょう。

因子分析の用語

用語	意味
因子（共通因子）	複数のデータ項目に影響を与える共通の要因
独自因子	あるデータ項目のみに影響を与える独自の要因
因子負荷量	各式の係数
共通性	あるデータ項目が共通因子によって説明される部分。 因子負荷量の二乗の和
独自性	あるデータ項目が独自因子によって説明される部分
因子寄与（固有値）	データ全体がある共通因子によって説明される部分
寄与率	因子寄与÷データ項目数

Question

因子分析のポイントを教えてください。

Answer

因子分析のポイントを表にまとめておきましょう。

因子の抽出法

方法	内容
主因子法	共通性を仮定した上で寄与率の高い順に因子を求める
最小二乗法	データと式との距離の二乗を最小にする
最尤法	データを実現する確率が最も高い式を見つける

回転法

直交	バリマックス回転 コーティマックス回転 など
斜交	プロマックス回転 直接オブリミン回転 など

因子分析のポイントとして，因子の抽出方法と回転法の選択があります。

統計パッケージの種類によっては，これらの方法のうちすべての組み合わせが選択できるわけではありません。お使いのパッケージソフトの説明書を参考にしてみてください。

Question

直交や斜交というものが，どうして相関と関係があるのだろうか？

Answer

ちょっと数学の話になりますが，軸の向きと相関係数との関係を眺めておきましょう。

たとえば，$\vec{f1}=(a_1,\ a_2)$，$\vec{f2}=(b_1,\ b_2)$ という軸をあらわす２つのベクトルがあったとしましょう。三角形の余弦（コサイン）の定理から，この２つの軸が交わる角度θについて次の式が成り立つことが知られています。

$$\cos\theta=\frac{\vec{f1}\cdot\vec{f2}}{|f1||f2|}=\frac{a_1b_1+a_2b_2}{\sqrt{{a_1}^2+{a_2}^2}\ \sqrt{{b_1}^2+{b_2}^2}}$$

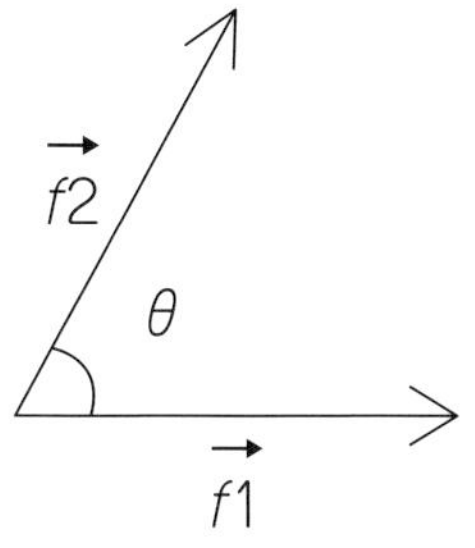

ただし，分子の$\vec{f1}\cdot\vec{f2}$はベクトルの内積と呼ばれるもので，$\vec{f1}$ と $\vec{f2}$ の成分を掛け合わせたものの和となっています。

さて，上式の分子は掛け合わせたものの和，分母は二乗の和の平方根を掛け合わせたものですが，これは $\vec{f1}$ と $\vec{f2}$ の相関係数に該当するものとなっています。第２章で紹介した相関係数の式も参考にしてみてください。

これらのベクトルが直交するということは，$\theta=90°$ です。コサインの定義から，$\cos 90°=0$ となっています。これは $\vec{f1}$ と $\vec{f2}$ の相関係数が０であることをあらわします。つまり，軸の向きが直交することは，無相関（むそうかん）（互いに無関係）を意味することになるのです。

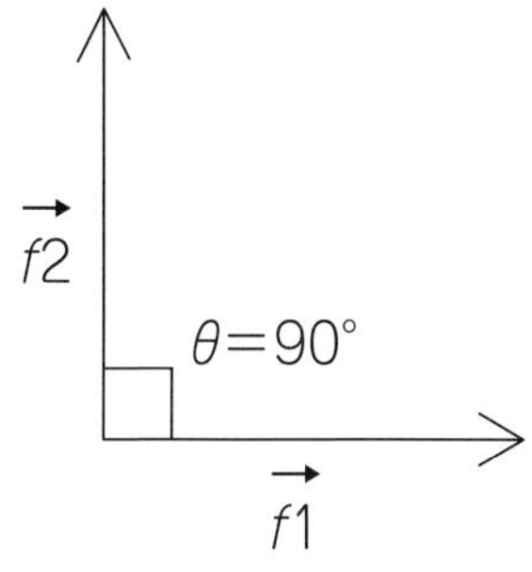

Question

因子分析の読み方を教えてください。

Answer

電脳（コンピュータ）で因子分析を行った結果を示しましょう。

統計パッケージのRによって因子分析を行った結果を示します。これは，A・B・C・D・Eを5つの質問の結果とし，共通因子の数を2としました。最尤法・回転なしで計算しています。

```
Uniquenesses:                                    ← 独自因子による係数
A      B      C      D      E
0.005  0.355  0.826  0.579  0.604

Loadings:                                        ← 共通因子による因子負荷量
   Factor1  Factor2                              ← 左列＝第一因子　右列＝第二因子
A   0.997    0.007
B   0.672   −0.440
C  −0.408    0.084
D  −0.134    0.634
E  −0.418    0.470

                 Factor1  Factor2
SS loadings       1.806    0.825                 ← 共通因子による因子寄与
Proportion Var    0.361    0.165                 ← 寄与率
Cumulative Var    0.361    0.526                 ← 累積寄与率

Test of the hypothesis that 2 factors are sufficient.
The chi square statistic is 0.11 on 1 degree of freedom.
The p−value is 0.737
```

Chap. 5

判別分析・ロジスティック回帰分析

この章では，調査対象が所属するグループを判定する手法を学びます。「判別分析」と「ロジスティック回帰分析」についてみていきましょう。「判別分析」では，グループを判別する式を考えます。「ロジスティック回帰分析」では，結果の起こりやすさについて考えます。グループを判別するデータ解析法を習得しましょう。

賢兼寺
いや　今日も
遅くなってすまぬのー
今日も　お猫を
拾われましたか
いえ
本日は違うのです
勉学も進んだし
嫁のことも前向きに
考えるといったら
まことでございますか!!
しゃきーん
爺が
はしゃいでの…
ぷっしゅ———…
また腰を痛めておしまいに
なられたのですよ
おやおや

爺のいうとおり
ふう
わしももう少し医学の心得を高めなくてはならぬかもしれぬのー
何か　爺や
秋津の民たちのために
役立つことを学べぬものか…
それは素晴らしいことでございます
ぜひ私の新しい研究も役立てていただけないでしょうか
ふむ　今度は
どんなことを
研究しておるのじゃ？
はい
実は
このアユ…
領民の体格だけでなく
腰痛にも効能があるのではないかと
研究しているのでございますよ

まことか？　それは興味あるぞ
それでは　本日は2つ分析をご紹介いたしましょう
ぱく
食べたいだけなのでは…
ですわね…
いずれも病気の診断や治療の効果を予測するために役立つデータ解析でございます
おお　よろしく頼むぞ
ではまず「判別分析（はんべつぶんせき）」についてでございます
判別分析
さて　この寺には腰痛をお持ちの患者さんがよくやって来られるのですが…
こんにちは—
まずその患者さんに治療が必要かどうかを診断したいと考えております
お大事に
はいはい

こちらのデータを
ご覧ください

腰痛の継続時間と治療の必要性

番号	年齢（歳）	痛む時間（時間）	要治療（○）治療不要（—）	番号	年齢（歳）	痛む時間（時間）	要治療（○）治療不要（—）
1	46	28	○	11	67	8	○
2	40	23	○	12	53	1	—
3	55	8	—	13	68	12	○
4	63	26	○	14	53	20	○
5	42	10	○	15	59	8	—
6	56	32	○	16	62	8	○
7	38	15	—	17	65	10	○
8	47	6	—	18	52	6	—
9	58	20	○	19	55	26	○
10	55	27	○	20	62	3	—

治療が必要な方と
そうでない方が
いるのですか
はい　治療が必要であるかどうかは
患者さんの年齢と痛む時間に
関係があるようにみえます
そうですね
痛む時間が長いほうが
治療が必要な方が
多いような…
年齢が高いほうが
治療が必要そうだな

そこでこのデータをもとにして
患者さんの年齢・痛む時間が
わかった場合に
治療が必要かどうか
診断するために
使おうと思います
年齢
痛む時間
なるほど
患者さんが要治療かどうかを
判別しようというわけですね
要治療
治療不要
はい　判別分析は
「データがどのグループに
入るか」を判断するための
分析なのです
判別
グループ1
グループ2
さて　判別分析の
考え方ですが…　まず　集めたデータを
要治療と治療不要な患者さんに
分けておきましょう

要治療（○）

番号	年齢	痛む時間
1	46	28
2	40	23
4	63	26
5	42	10
6	56	32
9	58	20
10	55	27
11	67	8
13	68	12
14	53	20
16	62	8
17	65	10
19	55	26

治療不要（—）

番号	年齢	痛む時間
3	55	8
7	38	15
8	47	6
12	53	1
15	59	8
18	52	6
20	62	3

すると　データ全体の平均と
各グループ内での平均を
考えることができますね
全体
要治療
治療不要

はい
それぞれの平均は
こうなりますね

平均	年齢（歳）	痛む時間（時間）
要治療	56.15	19.23
治療不要	52.29	6.71
全体	54.80	14.85

ここで　各データについて
平均からのばらつきを
考えましょう

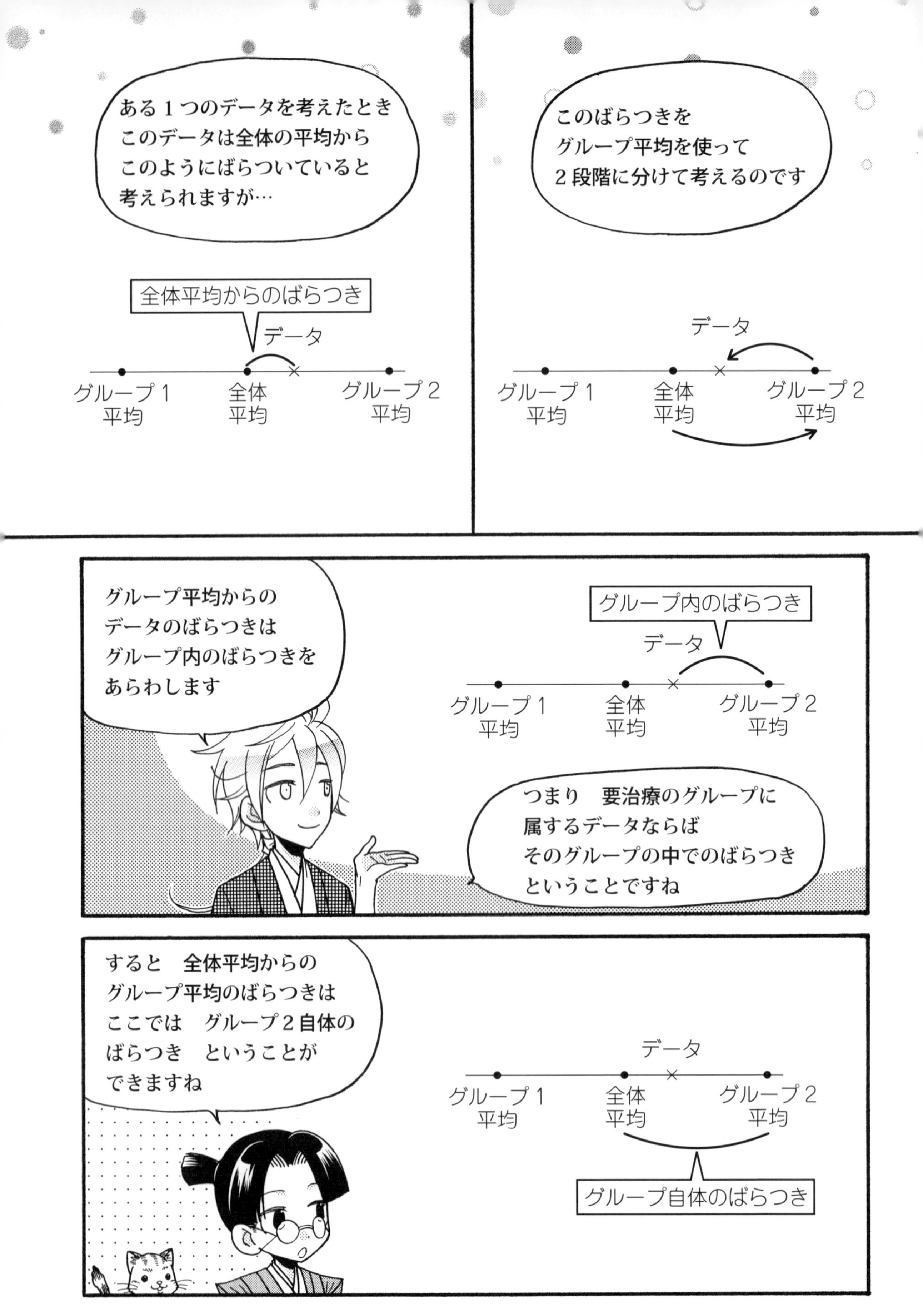
ある１つのデータを考えたとき
このデータは全体の平均から
このようにばらついていると
考えられますが…
全体平均からのばらつき
データ
グループ１
平均
全体
平均
グループ２
平均
このばらつきを
グループ平均を使って
２段階に分けて考えるのです
データ
グループ１
平均
全体
平均
グループ２
平均
グループ平均からの
データのばらつきは
グループ内のばらつきを
あらわします
グループ内のばらつき
データ
グループ１
平均
全体
平均
グループ２
平均
つまり　要治療のグループに
属するデータならば
そのグループの中でのばらつき
ということですね
すると　全体平均からの
グループ平均のばらつきは
ここでは　グループ２自体の
ばらつき　ということが
できますね
データ
グループ１
平均
全体
平均
グループ２
平均
グループ自体のばらつき

さて　全体のばらつきと比較して　グループ自体のばらつきが大きいとはどういうことだと思いますか？
データ
グループ1平均
全体平均
グループ2平均
離れている
ええと…グループが離れているということでしょうか？
そのとおりです
データ
グループ1平均
全体平均
グループ2平均
近い
すると　逆にグループ自体のばらつきが全体のばらつきに比べて小さいのであれば…
グループ同士は離れておらず　近くにあるということですね
相関比
そこで　グループを分ける基準として　この比に着目しましょう
$\eta^2 = \frac{\text{グループ間の分散}}{\text{全体の分散}}$
グループ間のばらつきすなわちグループ自体のばらつきを全体のばらつきで割ったものです
この値は「相関比」と呼ばれます　相関比の値が大きいほどグループがはっきりと分かれていることになります

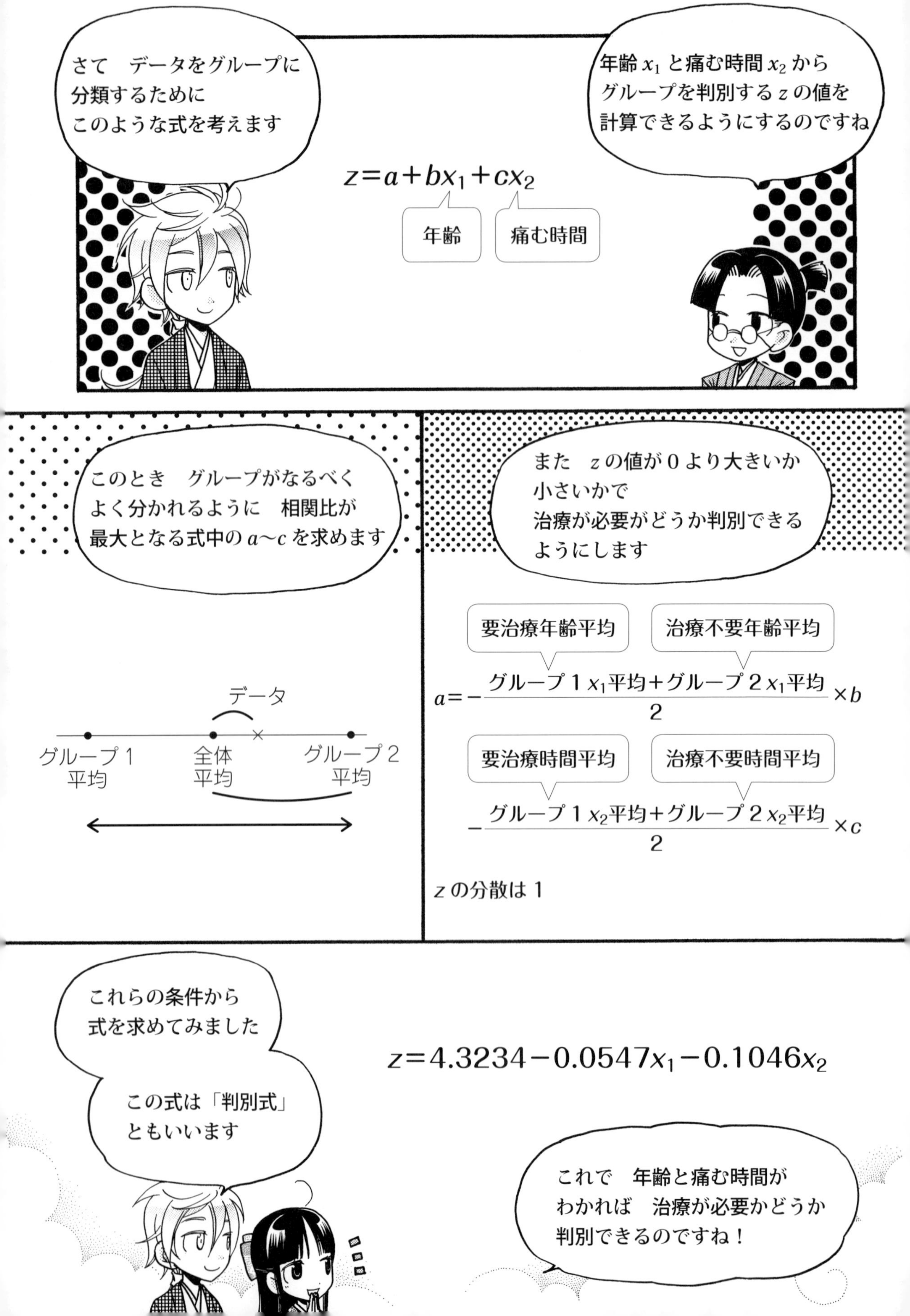
さて　データをグループに分類するために
このような式を考えます
年齢 x_1 と痛む時間 x_2 から
グループを判別する z の値を
計算できるようにするのですね
$z=a+bx_1+cx_2$
年齢
痛む時間
このとき　グループがなるべくよく分かれるように　相関比が
最大となる式中の a～c を求めます
データ
グループ1
平均
全体
平均
グループ2
平均
また　z の値が0より大きいか
小さいかで
治療が必要がどうか判別できる
ようにします
要治療年齢平均
治療不要年齢平均
$a=-\frac{グループ1 x_1平均+グループ2 x_1平均}{2}\times b$
要治療時間平均
治療不要時間平均
$-\frac{グループ1 x_2平均+グループ2 x_2平均}{2}\times c$
z の分散は1
これらの条件から
式を求めてみました
この式は「判別式」
ともいいます
$z=4.3234-0.0547x_1-0.1046x_2$
これで　年齢と痛む時間が
わかれば　治療が必要かどうか
判別できるのですね！

たとえば　患者番号「1」のような
年齢「46 歳」・痛む時間「28 時間」
というデータがあるとすると…
zの値は－1.122で
負(マイナス)ですね
zの値が0より小さい方が
要治療グループですから
この方も「治療は必要」と
考えられるわけですか

はい　そのとおりです
この判別式で計算したzを
「判別得点」と呼びます

判別得点

番号	年齢	痛む時間	要治療（○）治療不要（―）	判別得点
1	46	28	○	－1.122
2	40	23	○	－0.271
4	63	26	○	－1.843
5	42	10	○	0.979
6	56	32	○	－2.088
9	58	20	○	－0.942
10	55	27	○	－1.510
11	67	8	○	－0.179
13	68	12	○	－0.652
14	53	20	○	－0.668
16	62	8	○	0.094
17	65	10	○	－0.279
19	55	26	○	－1.405
3	55	8	―	0.477
7	38	15	―	0.675
8	47	6	―	1.124
12	53	1	―	1.319
15	59	8	―	0.259
18	52	6	―	0.851
20	62	3	―	0.617

4.3234
－0.0547×46
－0.1046×28
＝－1.122
（1番目の判別得点）

判別に失敗

判別に失敗

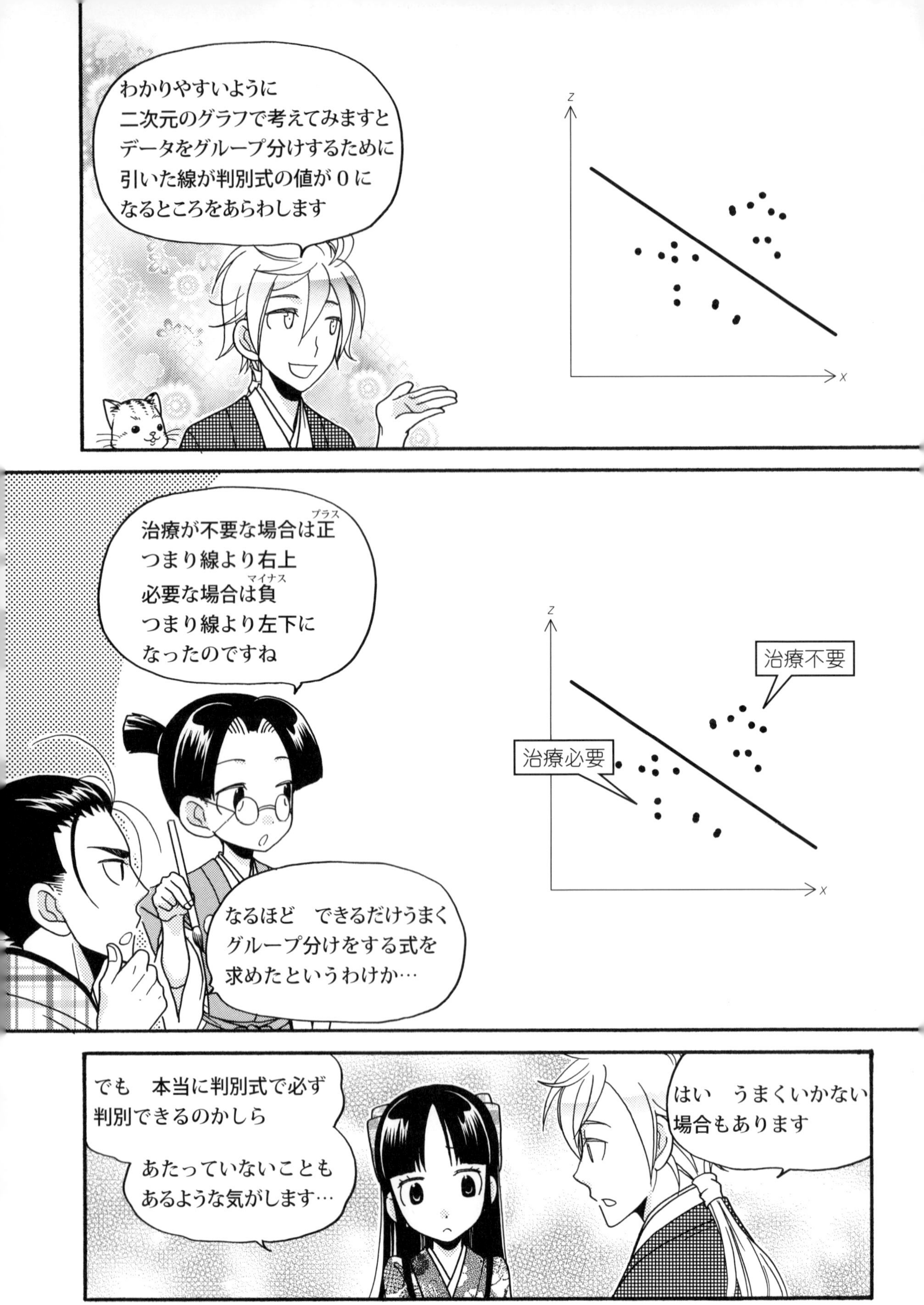
わかりやすいように
二次元のグラフで考えてみますと
データをグループ分けするために
引いた線が判別式の値が０に
なるところをあらわします
z
x
治療が不要な場合は正（プラス）
つまり線より右上
必要な場合は負（マイナス）
つまり線より左下に
なったのですね
z
治療不要
治療必要
x
なるほど　できるだけうまく
グループ分けをする式を
求めたというわけか…
でも　本当に判別式で必ず
判別できるのかしら
あたっていないことも
あるような気がします…
はい　うまくいかない
場合もあります

ここでも「5」「16」の
2人のデータについて
判別得点の符号…
＋・－が実際のデータと
逆になっていますね
判別に失敗
しているのか…
誤って治療不要と判別されている
確かに判別式は
誤って要治療の人物を
治療不要と判別して
しまう可能性が
あります
しかしそこで
「判別的中率（はんべつてきちゅうりつ）」と
いうものを考えます
判別的中率
判別に成功したデータ数 / 全体のデータ数
=18/20=0.9
的中した数を
全体の数で割るの
ですか…
爺が好きそうだ…

番号	年齢	痛む時間	要治療（○）	判別得点
5	42	10	○	0.979
16	62	8	○	0.094

$$\frac{判別に成功したデータ数}{全体のデータ数} = \frac{18}{20} = 0.9$$

この判別的中率で分析の精度を知ることができるのですよ
なるほどな
判別分析…よい分析を教わりましたね
今回は２つのグループに分けましたが　３つ以上のグループに分けることもあるのですよ
いろいろ役立ちそうだの
それでは判別分析はここまでにいたしまして…
今日のもう一つのお約束——
ぬ？
「ロジスティック回帰分析」を　ご紹介いたしましょう
ロジスティック回帰分析

ロジスティック…
すごい名前の分析じゃのー
異国語についていけん…
ロジスティック回帰分析は
以前学んだ回帰分析の
一種でございますよ
どのような場合に
使うのですか？
はい
ロジスティック回帰分析は
回帰分析において目的変数が
２つの値のどちらかで
あらわされる場合に使われます
説明変数
説明変数
説明変数
目的変数
２値データ
(0 または 1)
２つの値…
ええとそれは
んー！
先ほどの「要治療」・「治療不要」のほか
病気の「治癒」・「非治癒」などの
結果ですね
要治療（1）
治療不要(0)
治癒（1）
非治癒（0）

今　研究中の
アユの摂取による
腰痛の治癒について
お話しいたします
あっ思い出しました
これは前に学んだ
カテゴリデータ (p.18)
ですね
はい　実例で
みていきましょう

腰痛の治癒

番号	年齢（歳）	アユの小骨摂取量（グラム/月）	治癒（1）非治癒（0）
1	50	272.2	1
2	42	53.2	1
3	66	166.7	0
4	41	130.2	1
5	59	77.1	0
6	58	70.6	0
7	62	90.8	0
8	67	133.7	1
9	73	147.6	0
10	65	210.6	1
11	64	237.9	1
12	56	244.3	1
13	48	8.1	0
14	39	20.1	1
15	60	170.9	1
16	57	83.3	0
17	49	247.6	1
18	48	10.5	0
19	54	164.4	1
20	50	69.1	0

アユの小骨摂取量が多いと
腰痛の治癒に効果があるのでは
ないかと考えました
ペロリ
本当でしょうか・・・・
ロジスティック回帰分析では
このような式を求めます
治癒する確率
$\log \frac{p}{1-p} = a + bx_1 + cx_2$
年齢
アユの摂取量
この式から腰痛が
治癒する確率を予測する
ことができるのですよ
ほほう
しかし　どうして
こんな恰好を
しておるのじゃ？
オッズ
$\frac{p}{1-p}$
これは「オッズ」と
呼ばれます

オッズとは「可能性」というような意味で
ある結果が起こらない率に対する
その結果が起こる率をあらわします
ここでは　腰痛が
治癒しない率に対する
腰痛が治癒する率を
あらわします
$\frac{p}{1-p}$
治癒あり
治癒なし
ロジスティック回帰では
計算をしやすくするために
オッズの対数を予測します
これは「ロジット」とも
呼ばれています
ロジット
（対数オッズ）
$\log \frac{p}{1-p}$
ロジスティック回帰分析では
p が 0 以上 1 未満の値に
なるようにして式を求める
ことができます
p は腰痛が治る確率…
確率は 0 から 1 までの
値をとるのですね
あわせて1ですね
普通の回帰分析と
違うところだな

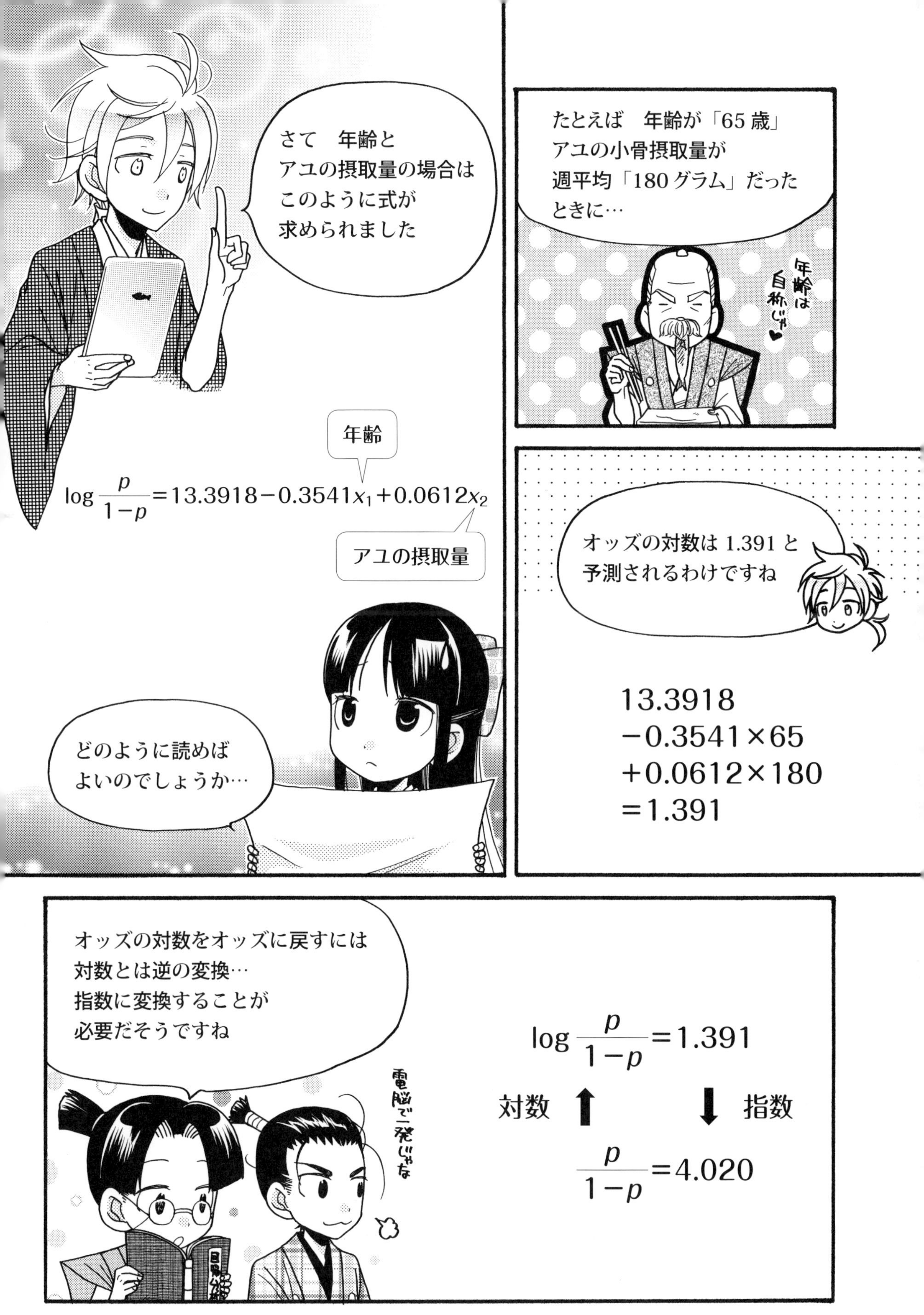
さて　年齢と
アユの摂取量の場合は
このように式が
求められました
年齢
$\log \frac{p}{1-p} = 13.3918 - 0.3541x_1 + 0.0612x_2$
アユの摂取量
どのように読めば
よいのでしょうか…
たとえば　年齢が「65歳」
アユの小骨摂取量が
週平均「180グラム」だった
ときに…
年齢は自称じゃ♥
オッズの対数は1.391と
予測されるわけですね
13.3918
−0.3541×65
+0.0612×180
=1.391
オッズの対数をオッズに戻すには
対数とは逆の変換…
指数に変換することが
必要だそうですね
電脳で一発じゃな
$\log \frac{p}{1-p} = 1.391$
対数 ↑　↓ 指数
$\frac{p}{1-p} = 4.020$

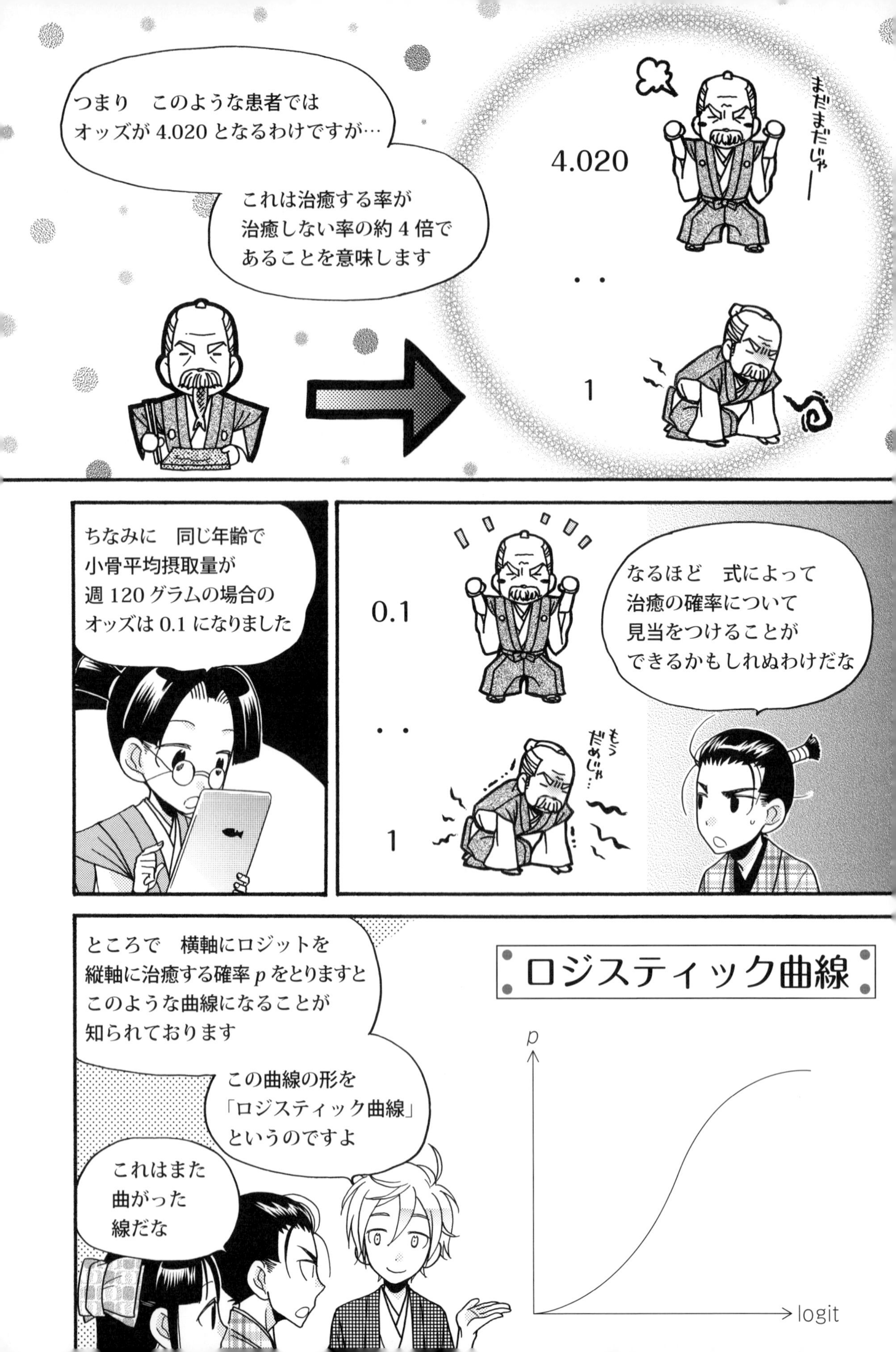

つまり　このような患者では
オッズが 4.020 となるわけですが…
これは治癒する率が
治癒しない率の約 4 倍で
あることを意味します
4.020
まだまだじゃー
・・
1
ちなみに　同じ年齢で
小骨平均摂取量が
週 120 グラムの場合の
オッズは 0.1 になりました
なるほど　式によって
治癒の確率について
見当をつけることが
できるかもしれぬわけだな
0.1
・・
1
もう だめじゃ…
ロジスティック曲線
ところで　横軸にロジットを
縦軸に治癒する確率 p をとりますと
このような曲線になることが
知られております
この曲線の形を
「ロジスティック曲線」
というのですよ
これはまた
曲がった
線だな
p
logit

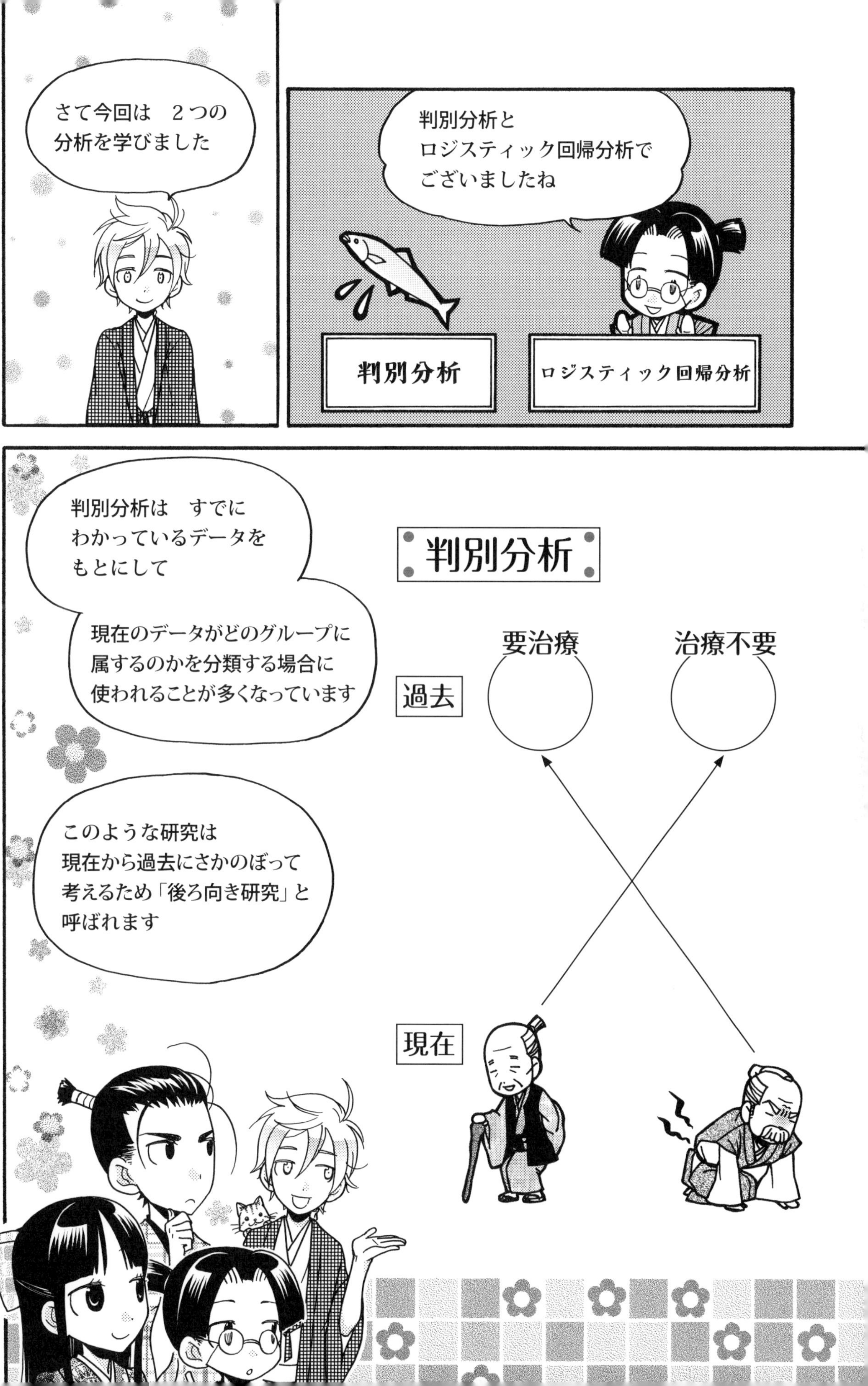
さて今回は　２つの
分析を学びました
判別分析と
ロジスティック回帰分析で
ございましたね
判別分析
ロジスティック回帰分析
判別分析は　すでに
わかっているデータを
もとにして
現在のデータがどのグループに
属するのかを分類する場合に
使われることが多くなっています
判別分析
要治療
治療不要
過去
現在
このような研究は
現在から過去にさかのぼって
考えるため「後ろ向き研究」と
呼ばれます

ロジスティック回帰分析
これに対して
ロジスティック回帰分析は
データを入手したとき
その人が将来
腰痛になるかどうか
その確率を考える場合に
使われることが多いです
現在
まだまだじゃーーっ
もうだめじゃ…
未来
このような研究は
現在から未来について
考えるため「前向き研究」と
呼ばれます

分析が行われる場面が
違っておるのだな
判別分析とロジスティック回帰分析…
どちらもデータのグループ分けをする
分析でしたけれど…

よし　帰ったら爺にも
教えてやろう
今日学んだことは
ご家老様のご病状の
お役にも立ちそうですね
私もこれからも
勉強を続けますわ！
にゃー！
おやおや
そろそろ
旅の風が吹き始めて
きたようですね…

まとめ

判別分析・ロジスティック回帰分析は，どちらもデータが所属するグループを判別する分析手法です。判別分析は，グループを判別するための式を導き出します。ロジスティック回帰分析では，結果の起こりやすさをオッズで導き出します。

Q&A

Question

判別分析は，どのような解析なのでしょうか？

Answer

判別分析について復習してみましょう。

判別分析では，データから次のような式を求めることで解析を行います。

合成変数　データ項目

$$z = a + bx_1 + cx_2 + \cdots + kx_n$$

データ項目　データ項目

（データ項目数は n 個）

判別分析にはいくつかの手法がありますが，この章で紹介した判別分析では，上のような式を求めます。求めた式によって，所属するグループを判別することができます。

Question

判別分析の手順について教えてほしい。

Answer

Excel での手法をご紹介しましょう。

①データを入力します。

データの範囲を選択し，[データ] → [フィルタ] を選択し，○ －の値によってデータを並べ替えてください。また，判別式を求めるために計算式を入力します。

	A	B	C	D	E	F	G	H	I	J
1	番号	年齢	痛む時間	要治療（ありなし）	判別得点					
2	1	46	28	○	6.807692					
3	2	40	23	○	−4.19231					
4	4	63	26	○	21.80769		a	b	c	
5	5	42	10	○	−15.1923		−67.1923	1	1	
6	6	56	32	○	20.80769					
7	9	58	20	○	10.80769					
8	10	55	27	○	14.80769					
9	11	67	8	○	7.807692		全分散	131.0275		
10	13	68	12	○	12.80769					
11	14	53	20	○	5.807692					
12	16	62	8	○	2.807692					
13	17	65	10	○	7.807692					
14	19	55	26	○	13.80769					
15	3	55	8	－	−4.19231					
16	7	38	15	－	−14.1923					
17	8	47	6	－	−14.1923					
18	12	53	1	－	−13.1923					
19	15	59	8	－	−0.19231					
20	18	52	6	－	−9.19231					
21	20	62	3	－	−2.19231					
22										
23	要治療	56.15385	19.23077		8.192308					
24	治療不要	52.28571	6.714286		−8.19231					
25	全平均	54.8	14.85		2.457692					
26					1221.473	←グループ間変動				
27					2620.55	←全変動				
28					0.466113	←相関比				
29										

「ファイル名」メニューでデータを並べ替えておく

判別得点（最初の行に＝B2*H5＋C2*I5＋G5を入力し 3〜21 行にコピー）

判別式の切片 *a*（＝－H5*(B23＋B24)/2－I5*(C23＋C24)/2）

b, *c* の初期値として 1 を入力しておく

全分散（＝VARP(E2：E21)）

要治療平均(○のみの平均)（＝AVERAGE(E2：E14)）

治療不要平均(－のみの平均)（＝AVERAGE(E15：E21)）

全平均(＝AVERAGE(E2：E21))

グループ間変動（＝13*(E23－E25)^2 ＋7*(E24－E25)^2

全変動（＝DEVSQ(E2：E21)）

相関比（＝E26/E27）

② [データ] → [ソルバー] を選択します。

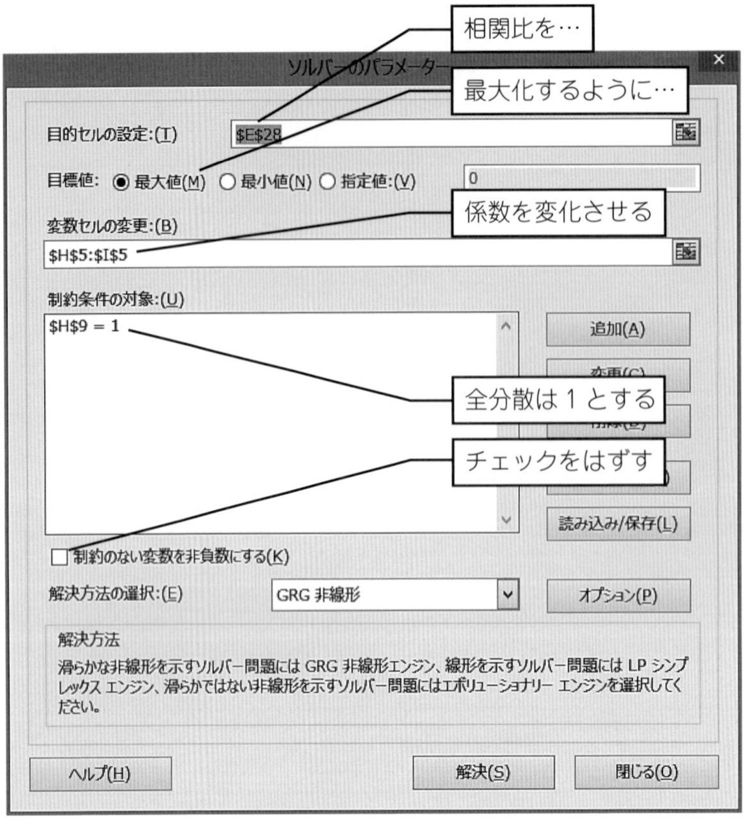

③判別分析の結果を確認します。

	A	B	C	D	E	F	G	H	I	J
1	番号	年齢	痛む時間	要治療（あり なし）	判別得点					
2	1	46	28	○	−1.1222					
3	2	40	23	○	−0.27092					
4	4	63	26	○	−1.84307		a	b	c	
5	5	42	10	○	0.979484		4.323352	−0.05471	−0.1046	
6	6	56	32	○	−2.08771					
7	9	58	20	○	−0.94191					
8	10	55	27	○	−1.50999					
9	11	67	8	○	−0.17908		全分散	1		
10	13	68	12	○	−0.6522					
11	14	53	20	○	−0.66835					
12	16	62	8	○	0.094476					
13	17	65	10	○	−0.27886					
14	19	55	26	○	−1.40539					
15	3	55	8	−	0.47745					
16	7	38	15	−	0.675317					
17	8	47	6	−	1.12434					
18	12	53	1	−	1.319086					
19	15	59	8	−	0.258608					
20	18	52	6	−	0.850786					
21	20	62	3	−	0.617486					
22										
23	要治療	56.15385	19.23077		−0.76044					
24	治療不要	52.28571	6.714286		0.760439					
25	全平均	54.8	14.85		−0.22813					
26					10.52447	←グループ間変動				
27					20	←全変動				
28					0.526223	←相関比				
29										

判別式の切片・係数が見つかった

各データの判別得点

相関比

Question

ロジスティック回帰分析とは，つまりどのような解析でしょうか？

Answer

ロジスティック回帰分析を復習しましょう。

ロジスティック回帰分析は，データから次のような式を求めることで解析を行います。

$$\log \frac{p}{1-p} = a + bx_1 + cx_2 + \cdots + kx_n$$

目的変数：$\log \frac{p}{1-p}$

説明変数：x_1，x_2，…，x_n

（データ項目数は n 個）

ロジスティック回帰分析は，回帰分析の一種です。対数オッズ $\log \frac{p}{1-p}$ を予測する回帰分析となっています。

Question

対数オッズをオッズに変換するには，どうすればよいですか？

Answer

指数をとります。

Excel では，EXP(　) 関数を使って結果を求めることができますよ。なお，対数を知るには，LOG(　) 関数を使います。

変換	関数
指数	EXP(値)
対数	LOG(値)

Question

ロジスティック回帰分析の読み方について教えてほしい。

Answer

ロジスティック回帰分析の結果を示します。

統計パッケージ R の結果を示します。

```
Deviance Residuals:
   Min          1Q       Median      3Q       Max
-1.2727    -0.3229    0.0041    0.1899    2.1270

Coefficients:
             Estimate   Std. Error   z value   Pr(>|z|)
(Intercept)  13.39175    6.82180      1.963    0.0496*
age          -0.35410    0.16402     -2.159    0.0309*
fish          0.06119    0.02893      2.115    0.0344*
---
Signif. codes:  0'***'0.001'**'0.01'*'0.05'.'0.1''1

(Dispersion parameter for binomial family taken to be 1)

    Null deviance:27.5256  on 19  degrees of freedom
Residual deviance:  9.6729  on 17  degrees of freedom
  (4 observations deleted due to missingness)
AIC:15.673
Number of Fisher Scoring iterations:7
```

- 求められた切片と係数（Estimate）
- 切片に関する情報（(Intercept)）
- 変数（年齢）に関する情報（age）
- 変数（魚の摂取量）に関する情報（fish）

Chap. 6

クラスタ分析

回帰分析・主成分分析・因子分析やグループの判別手法など，さまざまな手法を学んできました。データ解析には，このほかにも多くの手法が開発されています。
最後となるこの章では，「クラスタ分析」を紹介します。これまで学んできたことをもとに，さまざまなデータ解析を実践していけるようになりましょう。

驚いた　今日は
魚の姿がみえぬ
ええ　旅じたくを
始めたものですから
えっ!?
どちらへ
ですか？
そろそろここを離れて
長崎に戻ろうかと
思いまして
秋津家の皆様には
大変お世話になりました
なんと…
そうだったのですか…

それはわしらにとっては残念なことであるが…
私も皆様方のお姿を拝見して勉学を続けたいと思いまして
そうかもしれません…
秋津アユ漁もうすぐ終了
これと関係あるのでしょうか…
では！ 本日はお発(た)ちになる佐々木様のために
私のアユ料理と参りましょう!!
学問を深められることは佐々木殿にとっては喜ばしいことであるの
頼むからやめてくれーっ
ひえっ…それは…!!
貴重なアユを焦がしてはなりませんっ
…しかし

――若様は　秋津の
将来を背負うお方
佐々木殿がいなくなるとは
参ったなー
これからどのようにして
勉学を続けていけば
よいものだか
これからは
一人立ちされることが
重要でございますよ
それはそう
なのだが…
はは…
それでは本日は最後の
講義といたしまして…
もう一つ　分析を紹介
していきましょう
クラスタ分析で
ございます
これもデータを分類する
方法ですよ
クラスタ分析
確かに前回も
データを分類したな

先日ご紹介した
２つの分析の場合は
分類するグループが
明確でした
要治療
治療不要
判別分析と
ロジスティック回帰分析
でしたね
ですが　クラスタ分析は
グループ数や分類基準を
明確にせずとも　分類することが
できるのです
基準を明確に
せずか…
なるほど　それは興味深い
わしのように迷っている人間には
ちょうどよいかもしれぬ
よろしく頼むぞ
す
はい　それでは
秋津領民の
食物摂取量データを
みてください

食品の摂取量

番号	魚摂取量（グラム）	米摂取量（グラム）	豆摂取量（グラム）	番号	魚摂取量（グラム）	米摂取量（グラム）	豆摂取量（グラム）
1	197.8	630	75.9	11	204.3	780	115.6
2	301.2	1100	95.1	12	217.7	610	93.8
3	220.1	748	33.8	13	210.1	530	116.7
4	236.6	600	176.1	14	281.2	820	108.6
5	317.7	750	158.3	15	316.1	735	135.8
6	264.3	879	114.8	16	308.5	680	182.8
7	206.2	935	75.8	17	240.1	630	76.4
8	320.1	1056	95.5	18	260.0	718	134.8
9	156.9	780	16.8	19	235.8	720	121.8
10	198.1	670	133.9	20	160.3	592	114.0

（摂取量は 1 週間あたり平均）

これは以前 (p.51) みたものですね
ええ　以前のデータの一部で 魚・米・豆の摂取量と なっております
米
魚
豆
摂取量で 分類するのか
はい　本日はこのデータを 分類することで領民を グループに分けてみましょう

さて　これからグループ分けを始めていくわけですが…
距離
分類をする際には各データ間の「距離」を考えます
はい　摂取量データから距離を計算し　その距離が近いと考えられる人をまとめてグループにしようというのです
距離ですか
これまでもたびたび聞いたな
近い（似ている）
遠い（似ていない）
つまり　ここでの距離はデータの類似度をあらわすということになりますね

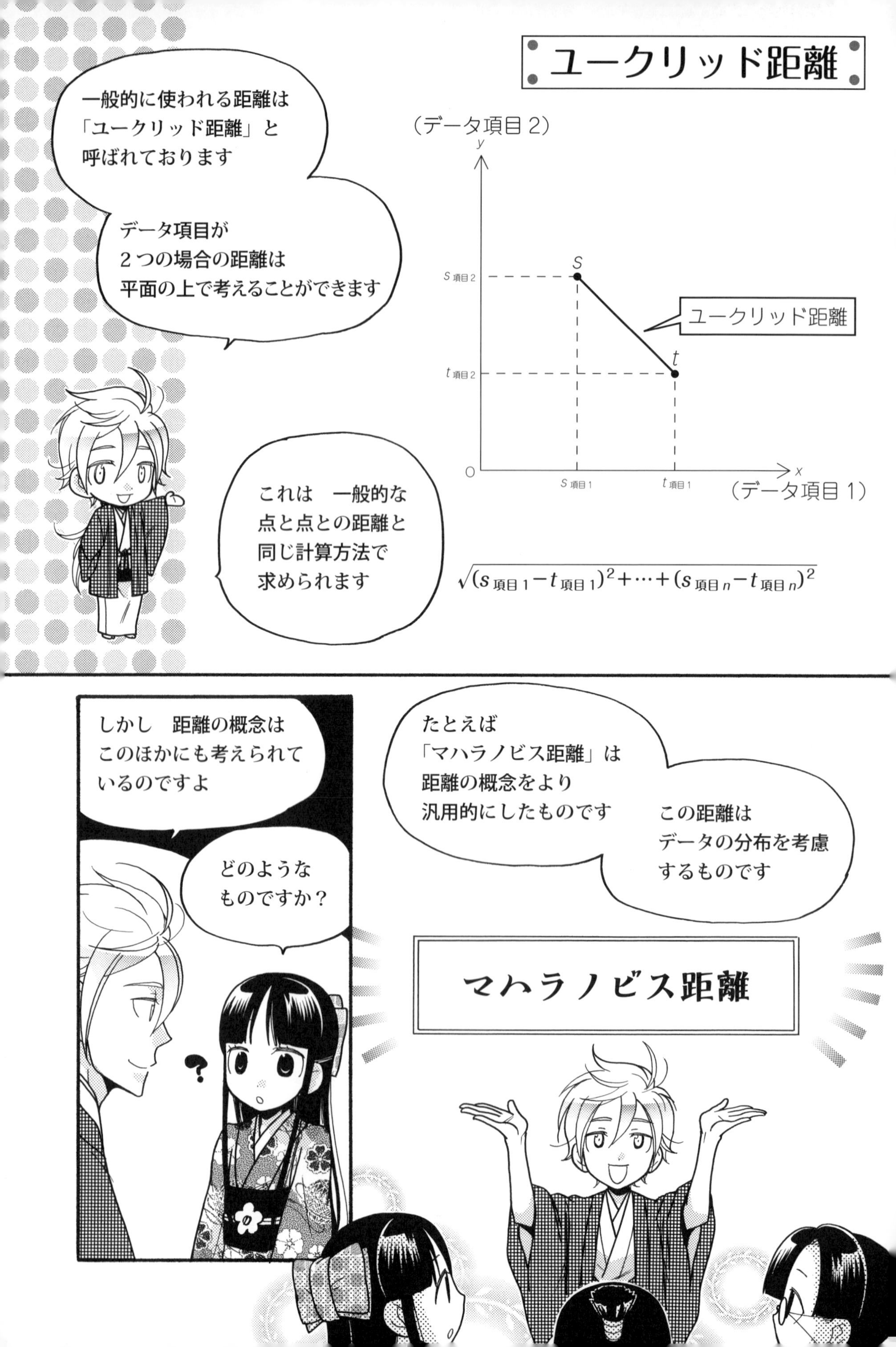
ユークリッド距離
一般的に使われる距離は「ユークリッド距離」と呼ばれております
データ項目が2つの場合の距離は平面の上で考えることができます
(データ項目 2)
y
s
s 項目 2
t
t 項目 2
ユークリッド距離
O
s 項目 1
t 項目 1
x
(データ項目 1)
これは　一般的な点と点との距離と同じ計算方法で求められます
$\sqrt{(s_{項目1}-t_{項目1})^2+\cdots+(s_{項目n}-t_{項目n})^2}$
しかし　距離の概念はこのほかにも考えられているのですよ
どのようなものですか？
たとえば「マハラノビス距離」は距離の概念をより汎用的にしたものです
この距離はデータの分布を考慮するものです
マハラノビス距離

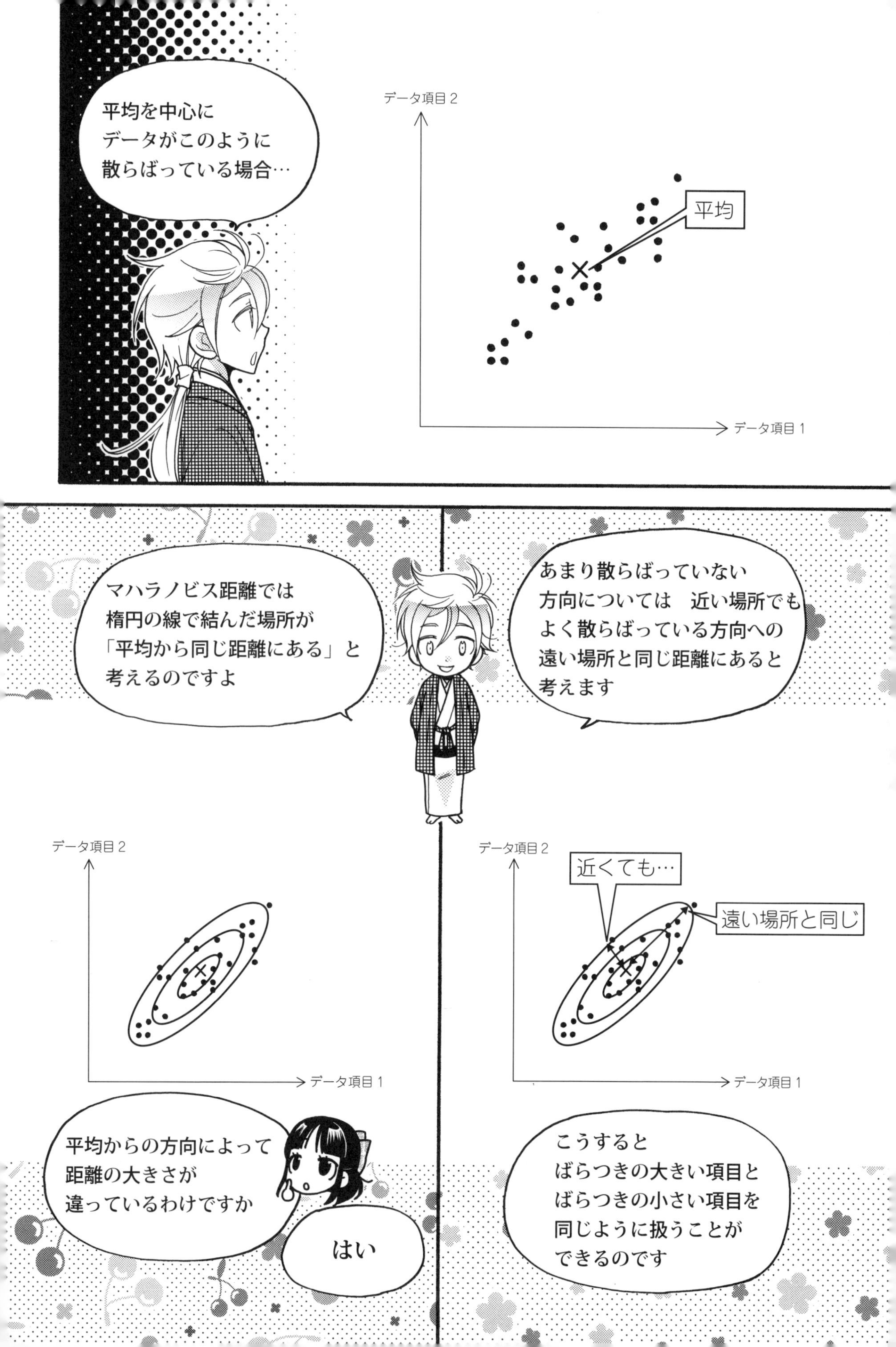
平均を中心に
データがこのように
散らばっている場合…
データ項目 2
平均
データ項目 1
マハラノビス距離では
楕円の線で結んだ場所が
「平均から同じ距離にある」と
考えるのですよ
データ項目 2
データ項目 1
平均からの方向によって
距離の大きさが
違っているわけですか
はい
あまり散らばっていない
方向については　近い場所でも
よく散らばっている方向への
遠い場所と同じ距離にあると
考えます
データ項目 2
近くても…
遠い場所と同じ
データ項目 1
こうすると
ばらつきの大きい項目と
ばらつきの小さい項目を
同じように扱うことが
できるのです

それではさっそく
分析手法について
みていきましょう
このような
計算方法が
あります

クラスタ分析計算方法

名前	グループとする基準	特徴
最短（最近）距離法	グループ中の最も近いデータとの距離が最小であるもの	1列のデータに近い場合に利用しやすい
最長（最遠）距離法	グループ中の最も遠いデータとの距離が最小であるもの	複数のグループとして固まっている場合に使いやすい
群平均法（ぐんへいきんほう）	グループ内のすべてのデータの組み合わせの平均距離が最小であるもの	最短距離法・最長距離法の中間となる
重心法（じゅうしんほう）	グループの重心との距離が最小であるもの	グループ内の個数に差がない場合に使いやすい
メディアン法	グループの中央値（メディアン）との距離が最小であるもの	グループ内の個数に差がある場合に使いやすい
ウォード法	グループ内のデータの分散が最小であるもの	明確なグループを作りやすく，よく利用されている

少しずつ違う方法が
いくつもあるのですね
そうですね
電脳で計算する場合にも
これらの計算方法から
どれかを選ぶことが必要です
さて　クラスタ分析では
まず最初のグループを
見つけ出します
わかりやすい例として
グループ間の距離に
着目する方法に
ついてみていきましょう

まず　すべてのデータの
組み合わせについて
距離を計算します
計算した距離を調べ
距離が一番小さいデータ同士を
グループにするのです

データ間の距離

番号	1	2	3	4	5	6	…	20
1	—	—	—	—	—	—	—	—
2	481.622	—	—	—	—	—	—	—
3	127.254	366.386	—	—	—	—	—	—
4	111.559	510.621	205.975	—	—	—	—	—
5	188.588	356.043	158.209	171.447	—	—	—	—
6	260.646	224.924	160.236	286.995	146.235	—	—	—
7	…	…	…	…	…	…	—	—
…	…	…	…	…	…	…	…	—
20	…	…	…	…	…	…	…	—

5と6の距離を
あらわす

一番小さい距離
ですか…
うむう
この場合は…

一番距離が小さいのは
5番目と15番目ですね

番号	…	5	…
…	…	…	—
15	…	27.089	…
…	…	…	…

それでは最初のグループは
5番目と15番目の方ですね
5
15

グループを見つけたら
同じ手順を繰り返します
つまり　次に距離が小さい
組み合わせを見つける
わけです
なお　先ほど見つけた
グループは　１つのデータ
として扱います
１つにする…？
でも　このグループの
データはどういう値に
すればいいのかしら？
それもそうだな
「最長距離法」では
相手方から最も遠いデータを
グループのデータとします

すると逆に 「最短距離法」なら
最も近い人をグループデータと
するのですね
「群平均法」は
グループの平均をとるのか
はい こうして
距離を求めます
そして 最も距離の小さい
データ同士を見つけて
次のグループとするわけです

このようにして
一番距離の小さいデータ同士を
順次まとめていき…
領民 1　領民 2　領民 3
最後にグループが 1 つになったら
分類を終了します
さて　すべてのデータについての
グループ化が終了したところを
みてください
木の枝のような
形にみえるな
樹形図（デンドログラム）
600
500
400
300
200
100
0
17 1 12 4 13 20 16 5 15 10 18 19 2 8 11 3 9 7 6 14
はい　ゆえに
これは「樹形図（じゅけいず）」と
呼ばれます
グループに分けるためには
この図を調べればよいのです

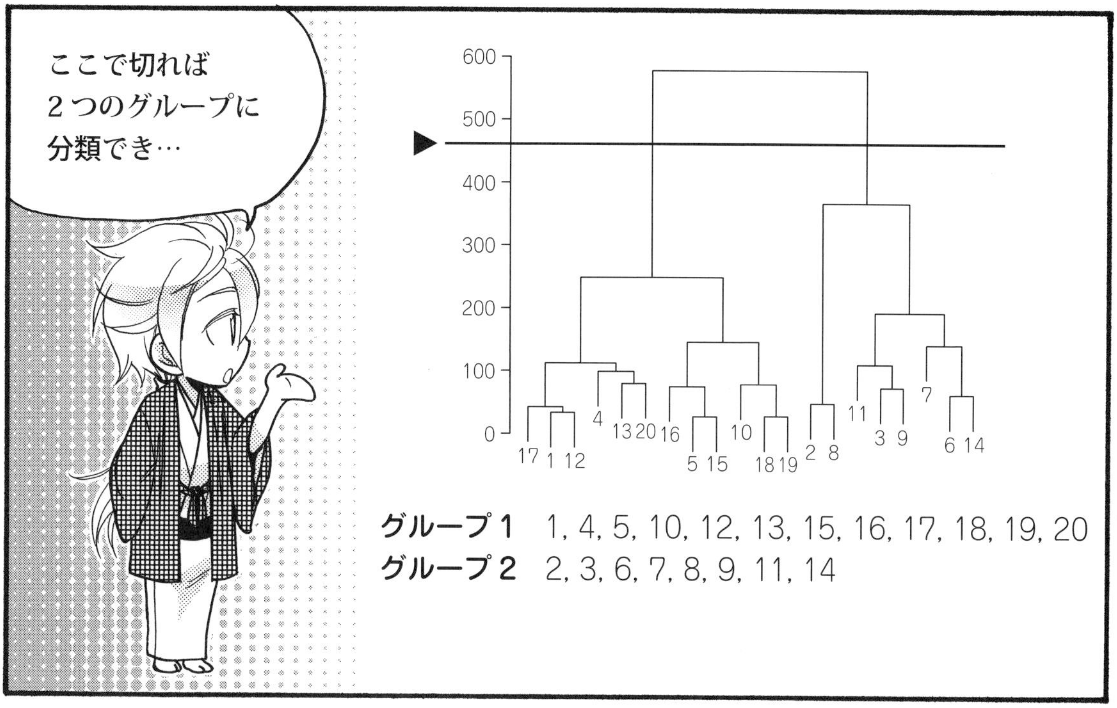
ここで切れば
2つのグループに
分類でき…
グループ1　1, 4, 5, 10, 12, 13, 15, 16, 17, 18, 19, 20
グループ2　2, 3, 6, 7, 8, 9, 11, 14

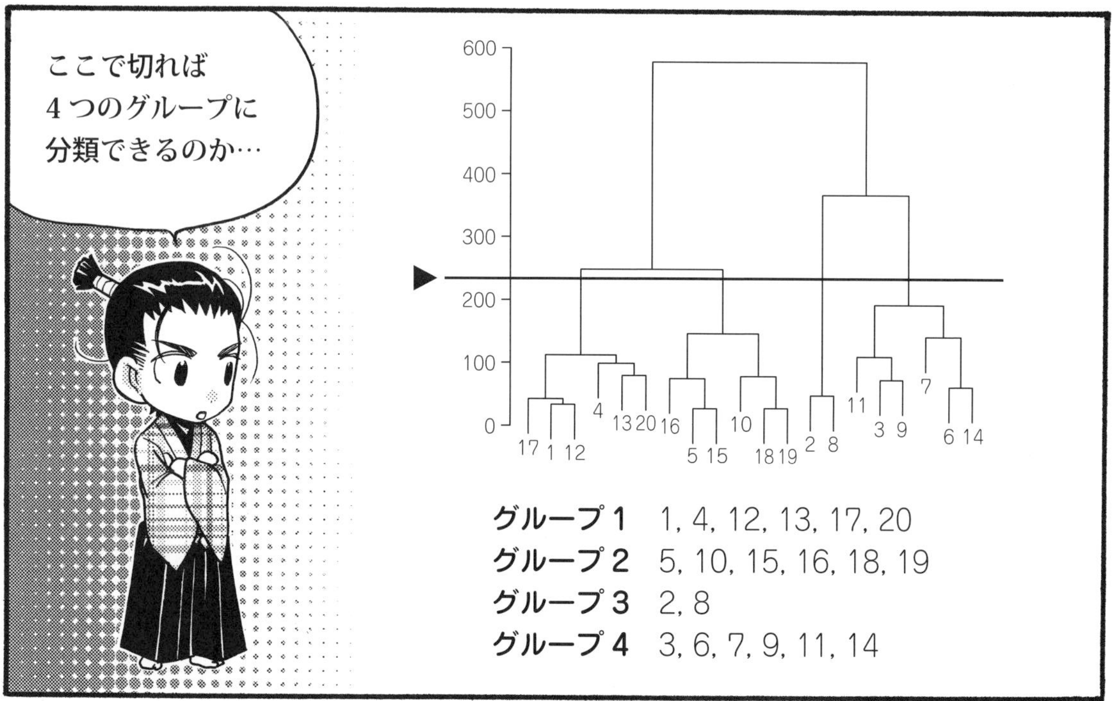
ここで切れば
4つのグループに
分類できるのか…
グループ1　1, 4, 12, 13, 17, 20
グループ2　5, 10, 15, 16, 18, 19
グループ3　2, 8
グループ4　3, 6, 7, 9, 11, 14

なかなか使い勝手が
よい図なのだな

ところで
クラスタ分析には
大きく分けて２つの
手法があります

クラスタ分析の手法

階層	グループにまとめ上げながら階層を作っていく
非階層	仮のグループに分け，後で正しいグループに振り替えていく

では　今みてきた
グループに
まとめ上げていく方法は
階層型なのですね
…
はい
階層型は
グループ数を決めずに
分類していきます
柔軟に分析することが
できますが
データ数が多い場合などでは
計算で答えを求めることが
不可能な場合もあります
非階層型は
最初にグループ数を
決めておきます
こちらのほうが
計算が簡単になりますが
グループ数について
あらかじめ考えておくことが
必要です

非階層型では
「k-平均法」などと
呼ばれる手法が
使われます
この手法では
データをあらかじめ
k 個のグループに
割り振った上で
平均を計算し…
k 個
…
データが平均から
はずれていれば
より適切なグループに
振り替えて　再度
計算し直します
適切なグループに
振り替える
それでは　最初の
グループ分けの
仕方によっては――…
はい
結果が変わってくる
場合もありますので
注意が必要ですね
特徴を知った上で
注意深く読み解くことが
重要そうだな

クラスタ分析は
いろいろな応用が
できるでしょう
1
2
3
4
ここでは　領民の栄養摂取量を
4ランクに分類なんてことが
できますね
分類か…
これを応用すれば
腰痛の症状なども
細かく分類できるのでは
ないだろうか…
結婚相手に求めるデータも
分類できそうですよね

もっと研究を続けて
応用していきたいものだな
まだまだがんばらねば
ならんの
分類した結果を
分析する…
若の技量が
問われますね！
吉秀様なら
大丈夫ですわ!!

それにしても
いろいろな分析を
学びましたね
最後ですから
まとめておきましょう

いろいろなデータ解析

分析名	内容	適用例
回帰分析	観察したデータのうち，1つの目的変数を他の説明変数で説明する	身長などの体格データを，いくつかの食品摂取量データなどから説明する
主成分分析	観察した複数のデータ項目を総合的に表現する，新しい変数（主成分）を考える	複数の体力データ項目を要約し，総合的な指標を考える
因子分析	観察された複数のデータ項目の裏に隠された，観察されない変数（因子）を考える	アンケートデータから，隠された心理を考える
判別分析	観察されたデータについて，所属するグループを判別する	検査データから，治療の必要性・病気の有無などを判別する
ロジスティック回帰分析	発生確率のオッズを考える	検査データから，治癒の確率・病気の発生確率などを考える
クラスタ分析	観察データを分類する	類似する食品摂取データを分類する

ううむ　想い出が
よみがえる…
2人の素晴らしい
想い出ですわね…♥
まだまだ　このほかにも
さまざまなデータ分析が
開発されているので
ございますよ
佐々木様は長崎で
広く学び続けられるので
ございますね
わしにも
できるかの――
若様ならば
大丈夫でございますよ

そろそろおいとまいたします
さびしくなりますね…
はい…
そうそう　皆様にお渡しする品がございまして——
姫様にはこの似姿を
どん
えっ これが私!?
写真か!!
——それでは日が暮れぬうちに今夜の宿(やど)を目指しますので
サッ
こちらは若様に
おおっ 面白草子(マンガ)最新刊か!!
面白草子 六
電脳もいただけるのですか!?
ひゃーっ
少ーし修正させていただきました
すごーい技ですね
きゃっきゃっ
どこに飾ろうかしらっ

いえ
結構ですよ
こんなにしてもらって…
こちらからも餞別をやらねばなあ
ですから私が
アユ料理をっ!!
おやめ
くださいっっ
かつて私は　秋津家の
宗秀様に大切なものを
いただきましたゆえ…
ん…宗秀って…
じーちゃんに？
宗秀公にお仕え
されていたのですか？
じーちゃんが
佐々木家に何か
褒美でもやったのか？
？
いえ…
宗秀様は…

私がひもじいときに
新鮮なアユを腹一杯
くださったのでございます
以来　私は
秋津家とその民の方々の
健康のために尽くすことを
誓ったのでございます
ん？
じーちゃんが？
えーと
その…
若——ッ
おお
爺だ
若——っ！
次の講義のお時間で
ございますぞ——!!
だだだだだだ

それでは失礼いたします
…またお会いいたしましょう
ん　おお
ともあれ達者でな!
佐々木殿は
旅立たれましたか…
うむ
それはまことに
結構なこと…
だが　最後に新しい
データ解析を学んだぞ!
ぅおっ!?
あっ…
ご家老様!!
〜〜〜〜ッ
爺!!

つい心配でやって来てしまいましたが…
…マンガ好きの若様——
まだまだ　秋津家は安泰そうでございますよね
…ねえ？宗秀様？
にゃーん

まとめ

最後となるこの章では，クラスタ分析を学びました。回帰分析・主成分分析・因子分析をはじめとして，これまでに多数のデータ解析手法を紹介してきました。目的に応じて，多様なデータ解析を活用していきたいものですね。

Q&A

Question

クラスタ分析で使った「距離」について教えてください。

Answer

ここで使用したユークリッド距離を押さえておきましょう。

AB 2点間のユークリッド距離は，次のように計算します。二次元上では通常の距離の計算方法と同じです。

$$\sqrt{(a_x-b_x)^2+(a_y-b_y)^2}$$

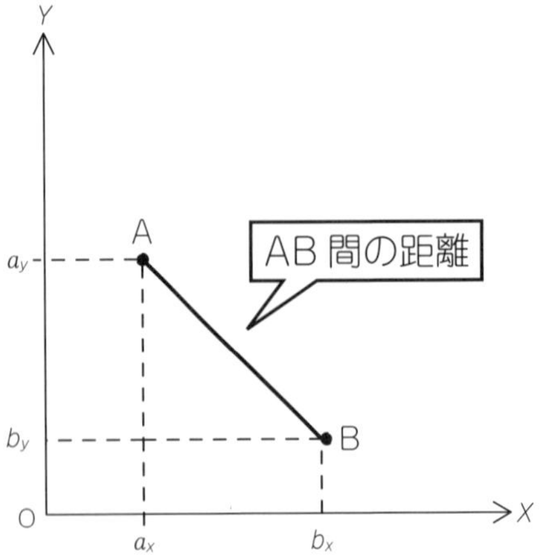

クラスタ分析のように，一般的に n 個のデータ項目があるとき，AB 間のユークリッド距離は次のように計算します。

$$\sqrt{\sum_{i=1}^{n}(a_{xi}-b_{xi})^2}$$

なお，クラスタ分析では，ユークリッド平方距離もよく使われます。これは，ユークリッド距離を二乗したものです。

マハラノビス距離は，ユークリッド距離を拡張したものです。マハラノビス距離の特別な場合が，ユークリッド距離となります。

Question

クラスタ分析のポイントを復習したいです。

Answer

クラスタ分析の計算方法をまとめておきましょう。

クラスタ分析では，次のような計算方法を使います。計算対象となる「距離」についても復習してみてください。

クラスタ分析計算方法

名前	グループとする基準	特徴
最短（最近）距離法	グループ中の最も近いデータとの距離が最小であるもの	1 列のデータに近い場合に利用しやすい
最長（最遠）距離法	グループ中の最も遠いデータとの距離が最小であるもの	複数のグループとして固まっている場合に使いやすい
群平均法	グループ内のすべてのデータの組み合わせの平均距離が最小であるもの	最短距離法・最長距離法の中間となる
重心法	グループの重心との距離が最小であるもの	グループ内の個数に差がない場合に使いやすい
メディアン法	グループの中央値（メディアン）との距離が最小であるもの	グループ内の個数に差がある場合に使いやすい
ウォード法	グループ内のデータの分散が最小であるもの	明確なグループを作りやすく，よく利用されている

Question

いろいろなデータ解析を学んできた。このほかにも学ぶべきデータ解析があるだろうか…？

Answer

データ解析手法には，本書で取り上げたほかにもさまざまな手法があります。よく取り上げられる代表的なデータ解析法を紹介しておきましょう。

いろいろなデータ解析

名前		内容
共分散構造分析		検証的因子分析と回帰分析を統合的に行う
コレスポンデンス分析（対応分析）		分割表として集計された項目を，項目間の相関によって並べ替える
数量化理論	Ⅰ	カテゴリデータを説明変数とし，重回帰分析と同様の分析を行う
	Ⅱ	カテゴリデータを説明変数とし，判別分析と同様の分析を行う
	Ⅲ	カテゴリデータを説明変数とし，コレスポンデンス分析と同様の分析を行う

さまざまなデータ解析がありますね。ぜひこれからも見聞を広め，実践の場でデータ解析の手法を活用していってくださいね。

あとがき。

初めて参考書のマンガを描かせていただきました。
自分の知らない世界の内容なので、とても貴重な経験でした。
このような機会を与えてくださいまして、ありがとうございます。
高橋先生、編集部の方々にはたくさんご迷惑をお掛けしてしまい、
たいへん申し訳ありませんでした。

原稿作業中に愛猫が病気になった時は、治療が難しく、何もできない
状態に、本当に医学は大事だ、と痛感いたしました。
愛猫は闘病の末、他界しました。この本を見るたびに、泣きながら
原稿を描いたのを思い出すかと思われます。

拙いマンガではありますが、みなさまのお役に立てれば幸いです。
最後まで読んでいただき、ありがとうございました！

銭形たいむ

著者略歴

高橋麻奈（たかはしまな）

1971年　東京都に生まれる
1995年　東京大学経済学部卒業
主　著　『やさしいJava』『やさしいC』『やさしいiOSプログラミング』
『やさしいAndroidプログラミング』（SBクリエイティブ）
『入門テクニカルライティング』『ここからはじめる統計学の教科書』（朝倉書店）
『心くばりの文章術』（文藝春秋）
『マンガで学ぶ医療統計』（みみずく舎）
『親切ガイドで迷わない 大学の微分積分』（技術評論社）

銭形たいむ（ぜにがた）

三重県に生まれる
趣味でやっていたゲームの4コマ，アンソロジーで商業誌デビュー
代表作　『たなボタ』（一迅社）
『COMIC 歴史 BL 人物伝』①②巻（光文社）
『戦国武将呪術バトル』（朝日新聞出版）

マンガで学ぶ データ解析

定価はカバーに表示

2014年7月29日　初版第1刷発行

著　者　高橋麻奈
作　画　銭形たいむ
発　行　株式会社 みみずく舎
〒169-0073
東京都新宿区百人町1-22-23　新宿ノモスビル2F
TEL：03-5330-2585　FAX：03-5389-6452
発　売　株式会社 医学評論社
〒169-0073
東京都新宿区百人町1-22-23　新宿ノモスビル2F
TEL：03-5330-2441（代）　FAX：03-5389-6452
http://www.igakuhyoronsha.co.jp/

印刷・製本：三報社印刷　／　装丁：安孫子正浩

ISBN 978-4-86399-259-7 C3041

マンガで学ぶ医療統計

高橋麻奈 著 / 春瀬サク 画

Mana TAKAHASHI & Saku HARUSE

B5 判・192 頁　本体 2,000 円＋税

ISBN 978-4-86399-208-5

●カリスマテクニカルライター・高橋麻奈と「なかよし」の人気漫画家・春瀬サクがコラボ！

●医療系で用いられる統計の考え方・使い方の基本をマンガで楽しくわかりやすく解説！

●舞台は宇宙歴 20XX 年，イプシロン星系第 5 惑星のメディカルハイスクール。宇宙の大長老（ブサカワ系？）・ウサ吉院長とイケメン講師・稲城先生が優しくレクチャー！

【対象】　医療・看護・福祉系の学生，医師・コメディカルスタッフ

★☆ CONTENTS ★☆

♥章末には，知識の確認に役立つ「まとめ」「Q & A」と練習問題も！

発行 みみずく舎 / 発売 医学評論社

〒169-0073 東京都新宿区百人町 1-22-23 新宿ノモスビル 2F

TEL 03（5330）2441（代）　FAX 03（5389）6452

URL http://www.igakuhyoronsha.co.jp/　E-mail sales@igakuhyoronsha.co.jp